빈출문제 10회

이현경 저

다락원

한식조리기능사는 한식메뉴 계획에 따라 식재료를 선정, 구매, 검수, 보관 및 저장하며 맛과 영양을 고려하여 안전하고 위생적으로 음식을 조리하고 조리기구와 시설관리를 수행하는 직무를 수행합니다.

이 책은 '한식조리기능사 필기시험'을 준비하는 수험생들이 짧은 시간에 필기시험에 합격할 수 있게 CBT 형식 모의고사로 구성하였습니다.

1. 기출에서 반복된다!

지난 10년간의 기출문제를 분석하여 출제빈도가 높은 문제만을 모아 10회의 모의고사로 구성하였습니다.

2. CBT시험에 강하다!

실제 CBT시험 화면과 유사하게 모의고사 지면을 편집하여, 수험자들의 불편함을 최소화하였습니다.

3. 벼락치기 핵심이론!

한식 필기 이론을 최대한 압축하여 정리해 수험자들이 시험 직전에 활용할 수 있게 하였습니다. 무료 동영상과 함께 핵심만 빠르게 정리할 수 있습니다.

4. 동영상으로 보는 기출문제!

기출문제를 복원한 모의고사를 동영상으로 학습합니다. 문제 푸는 법, 암기법 등 쉽고 빠르게 시험과 친해질 수 있습니다.

수험생 여러분들의 앞날에 합격의 기쁨과 발전이 있기를 기원하며, 이 책의 부족한 점은 여러분들의 조언으로 계속 수정·보완할 것을 약속드립니다.

이 책에 대한 문의사항은
원큐패스 카페(**http://cafe.naver.com/1qpass**)로 하시면 친절히 대답해 드립니다.

자격종목 **한식조리기능사**

응시방법 **한국산업인력공단 홈페이지**

회원가입 → 원서접수 신청 → 자격선택 → 종목선택 → 응시유형 → 추가입력 → 장소선택 → 결제하기

시험일정 **상시시험**

자세한 일정은 Q-net(http://q-net.or.kr)에서 확인

검정방법 **객관식 4지 택일형, 60문항**

시험시간 **1시간(60분)**

시험과목 **한식 재료관리, 음식조리 및 위생관리**

합격기준 **100점 만점에 60점 이상**

출제기준

1	음식 위생관리	개인 위생관리	위생관리기준, 식품위생에 관련된 질병
		식품 위생관리	미생물의 종류와 특성, 식품과 기생충병, 살균 및 소독의 종류와 방법, 식품의 위생적 취급기준, 식품첨가물과 유해물질
		작업장 위생관리	작업장 위생 위해요소, 식품안전관리인증기준(HACCP), 작업장 교차오염 발생요소
		식중독 관리	세균성 및 바이러스성 식중독, 자연독 식중독, 화학적 식중독, 곰팡이 독소
		식품위생 관계 법규	식품위생법령 및 관계법규, 농수산물 원산지 표시에 관한 법령, 식품 등의 표시·광고에 관한 법령
		공중보건	공중보건의 개념, 환경위생 및 환경오염 관리, 역학 및 질병 관리, 산업보건관리
2	음식 안전관리	개인안전 관리	개인 안전사고 예방 및 사후 조치, 작업 안전관리
		장비·도구 안전작업	조리장비·도구 안전관리 지침
		작업환경 안전관리	작업장 환경관리, 작업장 안전관리, 화재예방 및 조치방법, 산업안전보건법 및 관련지침
3	음식 재료관리	식품재료의 성분	수분, 탄수화물, 지질, 단백질, 무기질, 비타민, 식품의 색, 식품의 갈변, 식품의 맛과 냄새, 식품의 물성, 식품의 유독성분
		효소	식품과 효소
		식품과 영양	영양소의 기능 및 영양소 섭취기준
4	음식 구매관리	시장조사 및 구매관리	시장 조사, 식품구매관리, 식품재고관리
		검수 관리	식재료의 품질 확인 및 선별, 조리기구 및 설비 특성과 품질 확인, 검수를 위한 설비 및 장비 활용 방법
		원가	원가의 의의 및 종류, 원가분석 및 계산
5	한식 기초 조리실무	조리 준비	조리의 정의 및 기본 조리조작, 기본조리법 및 대량 조리기술, 기본 칼 기술 습득, 조리기구의 종류와 용도, 식재료 계량방법, 조리장의 시설 및 설비 관리
		식품의 조리원리	농산물의 조리 및 가공·저장, 축산물의 조리 및 가공·저장, 수산물의 조리 및 가공·저장, 유지 및 유지 가공품, 냉동식품의 조리, 조미료와 향신료
		식생활 문화	한국 음식의 문화와 배경, 한국 음식의 분류, 한국 음식의 특징 및 용어
6	한식 밥 조리	밥 조리	밥 재료 준비, 밥 조리, 밥 담기
7	한식 죽 조리	죽 조리	죽 재료 준비, 죽 조리, 죽 담기
8	한식 국·탕 조리	국·탕 조리	국·탕 재료 준비, 국·탕 조리, 국·탕 담기
9	한식 찌개조리	찌개 조리	찌개 재료 준비, 찌개 조리, 찌개 담기
10	한식 전·적 조리	전·적 조리	전·적 재료 준비, 전·적 조리, 전·적 담기
11	한식 생채·회 조리	생채·회 조리	생채·회 재료 준비, 생채·회 조리, 생채·회 담기
12	한식 조림·초 조리	조림·초 조리	조림·초 재료 준비, 조림·초 조리, 조림·초 담기
13	한식 구이 조리	구이 조리	구이 재료 준비, 구이 조리, 구이 담기
14	한식 숙채 조리	숙채 조리	숙채 재료 준비, 숙채 조리, 숙채 담기
15	한식 볶음 조리	볶음 조리	볶음 재료 준비, 볶음 조리, 볶음 담기
16	김치 조리	김치 조리	김치 재료 준비, 김치 조리, 김치 담기

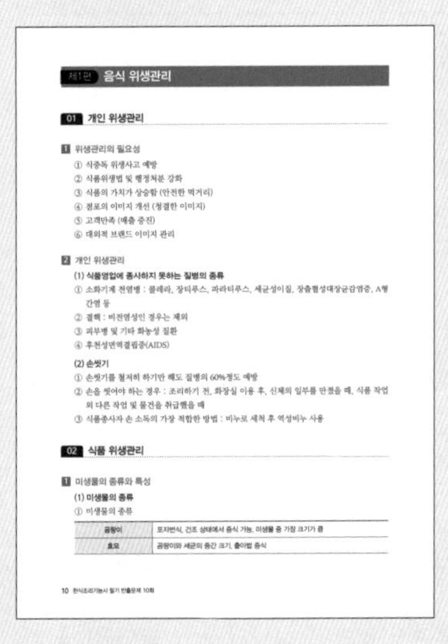

제1편 음식 위생관리

01 개인 위생관리

1 위생관리의 필요성
① 식중독 위생사고 예방
② 식품위생법 및 행정처분 강화
③ 식품의 가치가 상승함 (안전한 먹거리)
④ 점포의 이미지 개선 (청결한 이미지)
⑤ 고객만족 (매출 증진)
⑥ 대외적 브랜드 이미지 관리

2 개인 위생관리
(1) 식품영업에 종사하지 못하는 질병의 종류
① 소화기계 전염병 : 콜레라, 장티푸스, 파라티푸스, 세균성이질, 장출혈성대장균감염증, A형 간염 등
② 결핵 : 비전염성인 경우는 제외
③ 피부병 및 기타 화농성 질환
④ 후천성면역결핍증(AIDS)
(2) 손씻기
① 손씻기를 철저히 하기만 해도 질병의 60%정도 예방
② 손을 씻어야 하는 경우 : 조리하기 전, 화장실 이용 후, 신체의 일부를 만졌을 때, 식품 작업 외 다른 작업 및 물건을 취급했을 때
③ 식품종사자 손 소독의 가장 적합한 방법 : 비누로 세척 후 역성비누 사용

02 식품 위생관리

1 미생물의 종류와 특성
(1) 미생물의 종류
① 미생물의 종류

곰팡이	포자번식, 건조 상태에서 증식 가능, 미생물 중 가장 크기가 큼
효모	곰팡이와 세균의 중간 크기, 출아법 증식

10 한식조리기능사 필기 빈출문제 10회

이론편

- 새롭게 바뀐 출제기준에 맞춰 중요 이론을 쏙쏙 뽑아 수록했다!
- 꼭 암기해야 하는 개념만 담았다!
- 저자 직강 동영상과 함께 학습하자!

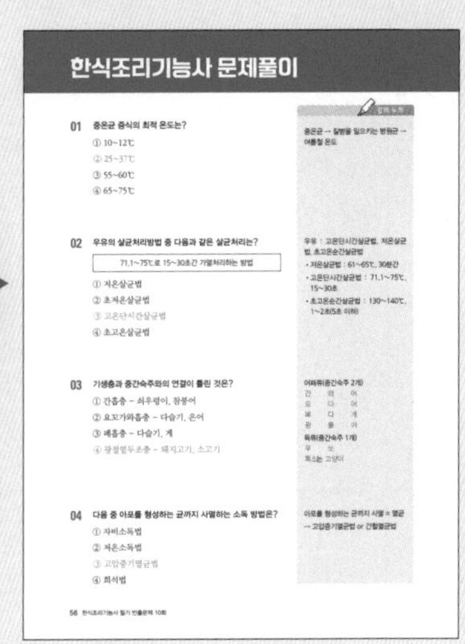

한식조리기능사 문제풀이

01 중온균 증식의 최적 온도는?
① 10~12℃
② 25~37℃
③ 55~60℃
④ 65~75℃

중온균 → 질병을 일으키는 병원균 → 여름철 온도

02 우유의 살균처리방법 중 다음과 같은 살균처리는?

71.1~75℃로 15~30초간 가열처리하는 방법

① 저온살균법
② 초저온살균법
③ 고온단시간살균법
④ 초고온살균법

우유 : 고온단시간살균법, 저온살균법, 초고온순간살균법
- 저온살균법 : 61~65℃, 30분간
- 고온단시간살균법 : 71.1~75℃, 15~30초
- 초고온순간살균법 : 130~140℃, 1~2초(5초 이하)

03 기생충과 중간숙주와의 연결이 틀린 것은?
① 간흡충 – 쇠우렁이, 참붕어
② 요꼬가와흡충 – 다슬기, 은어
③ 폐흡충 – 다슬기, 게
④ 광절열두조충 – 돼지고기, 소고기

04 다음 중 아포를 형성하는 균까지 사멸하는 소독 방법은?
① 자비소독법
② 저온소독법
③ 고압증기멸균법
④ 희석법

아포를 형성하는 균까지 사멸 = 멸균 → 고압증기멸균법 or 간헐멸균법

56 한식조리기능사 필기 빈출문제 10회

동영상으로 보는 기출문제편

- 150만뷰의 유튜브 영상과 함께 학습하자!
- 한식조리기능사 기출문제 60문제와 양식조리기능사 기출문제 조리공통 50문제를 담았다!

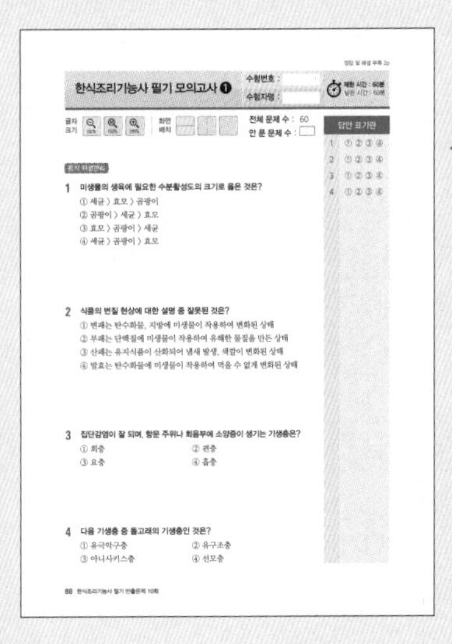

한식조리기능사 필기 모의고사 ❶

수험번호 :
수험자명 :

전체 문제 수 : 60
안 푼 문제 수 :

답안 표기란

1 미생물의 생육에 필요한 수분활성도의 크기로 옳은 것은?
① 세균 〉 효모 〉 곰팡이
② 곰팡이 〉 세균 〉 효모
③ 효모 〉 곰팡이 〉 세균
④ 세균 〉 곰팡이 〉 효모

2 식품의 변질 현상에 대한 설명 중 잘못된 것은?
① 변패는 탄수화물, 지방에 미생물이 작용하여 변화된 상태
② 부패는 단백질에 미생물이 작용하여 유해한 물질을 만든 상태
③ 산패는 유지식품이 산화되어 냄새 발생, 색깔이 변화된 상태
④ 발효는 탄수화물에 미생물이 작용하여 먹을 수 없게 변화된 상태

3 집단감염이 잘 되며, 항문 주위나 회음부에 소양증이 생기는 기생충은?
① 회충
② 편충
③ 요충
④ 흡충

4 다음 기생충 중 돌고래의 기생충인 것은?
① 유극악구충
② 유구조충
③ 아니사키스충
④ 선모충

88 한식조리기능사 필기 빈출문제 10회

모의고사편

- 기출문제를 분석하여 출제 빈도가 높은 유형의 문제를 모았다!
- CBT 시험과 유사하게 구성하여, 시험 직전 실력테스트를 할 수 있다!

정답 및 해설편

- 본 책의 모의고사 문제를 푼 후 정답과 해설을 확인하여 자신의 실력을 체크할 수 있다!

이 책의 활용법

STEP 1 기본 개념 다지기

핵심 이론을 정독하여 꼭 암기해야 하는 개념을 정리한다.

STEP 2 동영상으로 문제풀이하기

기출문제 1회분을 동영상과 함께 풀어보면서 문제풀이 방법을 익힌다.

STEP 3 기출문제로 실제 시험 유형 익히기

지난 10년간의 기출문제를 정리한 모의고사를 반복해서 풀어본다.

STEP 4 오답체크하기

문제를 풀어 본 후 정답과 해설을 확인한다.

동영상 보는 법

휴대폰으로 카메라 또는 어플에서 QR코드를 인식하면 영상으로 바로가는 링크가 활성화됩니다.

차례

이론편

동영상으로 보는 기출문제편

모의고사편

특별부록

제1편

음식 위생관리

제2편

음식 안전관리

제3편

음식 재료관리

제4편

음식 구매관리

제5편

한식 기초 조리실무

제6편

한식조리

제1편 음식 위생관리

01 개인 위생관리

1 위생관리의 필요성

① 식중독 위생사고 예방
② 식품위생법 및 행정처분 강화
③ 식품의 가치가 상승함 (안전한 먹거리)
④ 점포의 이미지 개선 (청결한 이미지)
⑤ 고객만족 (매출 증진)
⑥ 대외적 브랜드 이미지 관리

2 개인 위생관리

(1) 식품영업에 종사하지 못하는 질병의 종류

① 소화기계 전염병 : 콜레라, 장티푸스, 파라티푸스, 세균성이질, 장출혈성대장균감염증, A형 간염 등
② 결핵 : 비전염성인 경우는 제외
③ 피부병 및 기타 화농성 질환
④ 후천성면역결핍증(AIDS)

(2) 손씻기

① 손씻기를 철저히 하기만 해도 질병의 60%정도 예방
② 손을 씻어야 하는 경우 : 조리하기 전, 화장실 이용 후, 신체의 일부를 만졌을 때, 식품 작업 외 다른 작업 및 물건을 취급했을 때
③ 식품종사자 손 소독의 가장 적합한 방법 : 비누로 세척 후 역성비누 사용

02 식품 위생관리

1 미생물의 종류와 특성

(1) 미생물의 종류

① 미생물의 종류

곰팡이	포자번식, 건조 상태에서 증식 가능, 미생물 중 가장 크기가 큼
효모	곰팡이와 세균의 중간 크기, 출아법 증식

스피로헤타	매독균, 회귀열
세균	2분법 증식, 수분을 좋아함
리케차	살아있는 세포 속에서만 증식, 발진열(Q열), 발진티푸스
바이러스	미생물 중 가장 크기가 작음

② 미생물의 크기 : 곰팡이 〉 효모 〉 스피로헤타 〉 세균 〉 리케차 〉 바이러스

(2) 미생물의 특성

① 미생물 증식의 3대 조건 : 영양소, 수분, 온도

② 수분 활성치(Aw) 순서 : 세균(0.90~0.95) 〉 효모(0.88) 〉 곰팡이(0.65~0.80)

③ 중온균 : 발육 최적 온도 25~37℃ (질병을 일으키는 병원균)

(3) 미생물에 의한 식품의 변질

① 변질의 종류

부패	단백질 식품이 혐기성 미생물에 의해 변질되는 현상
후란	단백질 식품이 호기성 미생물에 의해 변질되는 현상
변패	단백질 이외의 식품이 미생물에 의해서 변질되는 현상
산패	유지가 공기 중의 산소, 일광, 금속(Cu, Fe)에 의해 변질되는 현상
발효	탄수화물이 미생물의 작용을 받아 유기산, 알코올 등을 생성하게 되는 현상

② 식품의 부패 시 생성되는 물질 : 황화수소, 아민류, 암모니아, 인돌 등

③ 식품 1g당 10^7~10^8일 때 초기부패로 판정

④ 식품의 오염지표 검사 : 대장균 검사(분변오염지표균)

2 식품과 기생충병

채소를 통해 감염되는 기생충(중간숙주×)	회충, 요충(항문에 기생), 편충, 구충(십이지장충, 경피감염), 동양모양선충
육류를 통해 감염되는 기생충(중간숙주 1개)	무구조충(민촌충) : 소 유구조충(갈고리촌충) : 돼지 선모충 : 돼지 톡소플라스마 : 고양이, 쥐
어패류를 통해 감염되는 기생충(중간숙주 2개)	① 간디스토마(간흡충) : 왜우렁이 → 담수어(붕어, 잉어) ② 폐디스토마(폐흡충) : 다슬기 → 가재, 게 ③ 요꼬가와흡충(횡촌흡충) : 다슬기 → 담수어(은어) ④ 광절열두조충(긴촌충) : 물벼룩 → 담수어(송어, 연어) ⑤ 아니사키스충 : 갑각류 → 포유류(돌고래)

3 살균 및 소독의 종류와 방법

① 정의

방부	미생물의 생육을 억제 또는 정지시켜 부패를 방지
소독	병원 미생물의 병원성을 약화시키거나 죽여서 감염력을 없앰
살균	미생물을 사멸
멸균	비병원균, 병원균 등 모든 미생물과 아포까지 완전히 사멸

② 우유살균법

저온살균법	61~65℃에서 약 30분간 가열 살균 후 냉각
고온단시간살균법	70~75℃에서 15~30초 가열 살균 후 냉각
초고온순간살균법	130~140℃에서 1~2초 가열 살균 후 냉각

③ 가스저장법(CA저장법) : CO_2 농도를 높이거나 O_2의 농도를 낮추거나 N_2(질소가스)를 주입하여 미생물의 발육을 억제시켜 저장하는 방법, 과일, 채소에 사용

④ 아포를 형성하는 균까지 사멸

고압증기 멸균법	고압증기멸균기를 이용하여 통조림, 거즈 등을 121℃에서 20분간 소독
간헐 멸균법	100℃의 유통증기를 20~30분간 1일 1회로 3번 반복하는 방법

⑤ 화학적 소독법

역성비누	• 손소독 사용
석탄산(3%)	• 소독약의 살균력 지표로 이용됨 • 변소, 하수도 등 오물소독에 사용
크레졸(3%)	• 변소, 하수도 등 오물소독에 사용
생석회	• 변소, 하수도 등 오물소독에 사용
승홍수(0.1%)	• 금속부식성이 있어 비금속기구 소독에 사용
염소, 차아염소산나트륨	• 야채, 식기, 과일, 음료수에 사용
에틸알코올(70%)	• 금속기구, 초자기구, 손 소독에 사용
과산화수소(3%)	• 자극성이 적어서 피부, 상처 소독에 사용

4 식품첨가물과 유해물질

(1) 식품첨가물의 사용목적

① 품질유지, 품질개량에 사용

② 영양 강화

③ 보존성 향상

④ 관능만족

(2) 식품첨가물의 종류

① 식품의 변질 및 부패를 방지하는 식품첨가물

보존료(방부제)	데히드로초산(치즈, 버터, 마가린, 된장), 안식향산(간장, 청량음료), 소르빈산(식육제품, 잼류, 어육연제품, 케찹), 프로피온산(빵, 생과자)
살균제(소독제)	차아염소산나트륨(음료수, 식기소독), 표백분(음료수, 식기소독)
산화방지제(항산화제)	비타민 E(DL-α-토코페롤), 비타민 C(L-아스코르빈산나트륨), BHA(부틸히드록시아니졸), BHT(부틸히드록시톨루엔), 몰식자산프로필

② 기호성 향상과 관능을 만족시키는 식품첨가물

조미료(맛난맛)	글루타민산 나트륨(다시마), 호박산(조개류), 이노신산(소고기)
감미료(단맛)	사카린 나트륨, D-소르비톨, 아스파탐
발색제(색소고정)	육류 발색제 : 아질산나트륨, 질산나트륨, 질산칼륨 식물성 발색제 : 황산 제1,2철, 염화 제1,2철
착색료(색부여)	식용색소 녹색 제3호, 식용색소 황색 제2호
착향료(향부여)	멘톨, 바닐린, 계피알데히드
산미료(신맛)	초산, 구연산, 주석산, 푸말산, 젖산
표백제(변색방지)	과산화수소, 차아염소산나트륨, 아황산나트륨, 황산나트륨

③ 품질유지 및 개량을 위한 식품첨가물

유화제(계면활성제)	난황(레시틴), 대두 인지질(레시틴), 카제인나트륨
밀가루 개량제(소맥분 개량제)	과산화벤조일, 과황산암모늄, 브롬산칼륨, 이산화염소
호료(증점제, 안정제, 점착성 증가)	젤라틴, 한천, 알긴산나트륨, 카제인나트륨
피막제(수분증발 방지)	초산비닐수지, 몰포린지방산염
품질개량제(결착제)	인산염류

④ 식품 제조 가공 과정에서 필요한 것

소포제(거품소멸)	규소수지
추출제	n-hexane(헥산)
팽창제	이스트, 명반, 탄산수소나트륨, 탄산암모늄

⑤ 기타

이형제(빵틀 분리)	유동 파라핀
껌 기초제(껌 점탄성)	초산비닐수지, 에스테르껌, 폴리부텐, 폴리이소부틸렌

(3) 유해물질

① 중금속

카드뮴(Cd)	이타이이타이병(골연화증)
수은(Hg)	미나마타병(강력한 신장독, 전신경련)
납(Pb)	인쇄, 유약 바른 도자기, 구토, 복통, 설사, 소변에서 코프로포르피린 검출
주석(Sn)	통조림 내부 도장, 구토, 설사, 복통
크롬	금속, 화학공장 폐기물, 비중격천공, 비점막궤양
불소(F)	반상치, 골경화증, 체중감소

② 유해 첨가물

착색제	아우라민, 로다민B
감미료	둘신, 사이클라메이트
표백제	론갈리트(롱가릿), 형광표백제
보존료	붕산, 포름알데히드, 불소화합물, 승홍

③ 조리 및 가공에서 생기는 유해물질

메틸알코올(메탄올)	에탄올 발효 시 펙틴이 존재할 경우 생성, 두통, 구토, 설사, 심하면 실명
N-니트로사민	육가공품의 발색제 사용으로 인한 아질산염과 제2급 아민이 반응하여 생성되는 발암물질
다환방향족탄화수소	벤조피렌을 말하며 훈제육이나 태운 고기에서 다량 검출되는 발암 작용을 일으키는 유해물질
아크릴아마이드	전분 식품을 가열 시 아미노산과 당이 열에 의해 결합하는 메일라드 반응을 통해 생성되는 발암물질
헤테로고리아민	방향족 질소화합물로 육류의 단백질을 300℃ 이상 온도에서 가열할 때 생성되는 발암물질

03 작업장 위생관리

1 식품안전관리인증기준(HACCP)

(1) HACCP의 정의

식품의 원료, 제조, 가공 및 유통의 모든 과정에서 위해물질이 식품에 혼입되거나 오염되는 것을 사전에 방지하기 위하여 각 과정을 중점적으로 관리하는 기준

(2) HACCP 제도의 7단계 수행절차

① 식품의 위해요소 분석 → ② 중점관리점 결정 → ③ 중점관리점에 대한 한계기준 설정 → ④ 중점관리점의 감시 및 측정방법의 설정 → ⑤ 위해 허용한도 이탈 시의 시정조치 설정 → ⑥ 검증절차의 설정 → ⑦ 기록보관 및 문서화 절차 확립

04 식중독 관리

1 세균성 식중독

세균성 식중독			
감염형 식중독(병원체 증식)		독소형 식중독(독소 생산)	
살모넬라 식중독	감염원 : 쥐, 파리, 바퀴벌레, 닭 등 원인식품 : 육류, 어패류, 알류, 우유 등 증상 : 급성위장증상 및 발열 예방 : 방충, 방서, 가열	황색포도상구균 식중독	원인균 : 포도상구균 원인독소 : 엔테로톡신(장독소) 잠복기 : 평균 3시간(잠복기 가장 짧다) 원인식품 : 유가공품, 조리식품 증상 : 급성 위장염 예방 : 손이나 몸에 화농이 있는 사람 식품취급 금지
장염비브리오 식중독	감염원 : 어패류 원인식품 : 어패류 생식 증상 : 급성위장증상 예방 : 가열섭취, 여름철 생식금지		
병원성대장균 식중독	감염원 : 환자나 보균자의 분변 원인식품 : 우유 등 증상 : 급성 대장염(대표균 O:157) 예방 : 분변오염 방지	클로스트리디움 보툴리늄 식중독	원인균 : 보툴리눔균(A,B,E형이 원인균) 원인독소 : 뉴로톡신(신경독소) 잠복기 : 12~36시간(잠복기가 가장 길다) 원인식품 : 통조림 증상 : 신경마비증상(가장 높은 치사율) 예방 : 통조림 제조시 멸균을 철저히 하고 섭취 전 가열

2 자연독 식중독

복어	테트로도톡신
섭조개(홍합), 대합	삭시톡신
모시조개, 굴, 바지락, 고동	베네루핀
독버섯	무스카린, 뉴린, 콜린, 아마니타톡신(알광대버섯)
감자	솔라닌
독미나리	시큐톡신
청매, 살구씨, 복숭아씨	아미그달린
피마자	리신
면실류(목화씨)	고시폴
독보리(독맥)	테무린
미치광이풀	아트로핀

3 농약에 의한 식중독

유기인제	파라티온, 말라티온, 다이아지논 등(신경독) : 신경증상, 혈압상승, 근력감퇴
유기염소제	DDT, BHC(신경독) : 복통, 설사, 구토, 두통, 시력감퇴, 전신권태
비소화합물	비산칼슘 : 목구멍과 식도의 수축, 위통, 구토, 설사, 혈변, 소변량 감소

4 곰팡이 독소(마이코톡신)

황변미 중독(쌀)	• 페니실리움 속 푸른곰팡이에 의해 저장 중인 쌀에 번식 • 시트리닌(신장독), 시트레오비리딘(신경독), 아이슬란디톡신(간장독)
맥각 중독(보리, 호밀)	• 맥각균이 번식하여 독소 생성 • 에르고톡신(간장독)
아플라톡신 중독(곡류, 땅콩)	• 아스퍼질러스 플라버스 곰팡이가 번식하여 독소 생성

5 알레르기성 식중독

원인독소	히스타민
원인균	프로테우스 모르가니
원인식품	꽁치, 고등어 같은 붉은 살 어류 및 그 가공품
예방	항히스타민제 투여

6 노로바이러스 식중독

감염경로	경구감염, 접촉감염, 비말감염
증상	24~48시간 내에 구토, 설사, 복통이 발생하고 발병 2~3일 후 없어짐, 겨울에 발생빈도가 높음
예방대책	손 씻기, 식품을 충분히 가열
특징	백신 및 치료법 없음

05 식품위생 관계 법규

1 식품위생법의 목적

① 식품으로 인한 위생상의 위해 사고 방지
② 식품 영양의 질적 향상도모
③ 식품에 관한 올바른 정보 제공
④ 국민 보건의 보호·증진에 이바지함

2 식품위생법의 용어 정의

식품	모든 음식물(의약으로 섭취되는 것 제외)
식품첨가물	식품을 제조·가공·조리 또는 보존하는 과정에서 감미, 착색, 표백 또는 산화방지 등을 목적으로 식품에서 사용되는 물질
집단급식소	영리를 목적으로 하지 아니하면서 특정 다수인에게 계속하여 음식물을 공급하는 급식시설로서 1회 50인 이상에게 식사를 제공하는 급식소(기숙사, 학교, 유치원, 어린이집, 병원, 사회복지시설, 산업체, 공공기관, 그 밖의 후생기관 등)
표시	식품, 식품첨가물, 기구, 용기·포장, 건강기능식품, 축산물 및 이를 넣거나 싸는 것에 적는 문자·숫자 또는 도형
공유주방	식품의 제조·가공·조리·저장·소분·운반에 필요한 시설 또는 기계·기구 등을 여러 영업자가 함께 사용하거나 동일한 영업자가 여러 종류의 영업에 사용할 수 있는 시설 또는 기계·기구 등이 갖춰진 장소

3 식품 등의 공전

식품의약품안전처장은 식품 또는 식품첨가물의 기준과 규격, 기구 및 용기·포장의 기준과 규격 등을 실은 식품 등의 공전을 작성·보급하여야 한다.

4 식품위생감시원의 직무

① 식품 등의 위생적인 취급에 관한 기준의 이행 지도

② 수입·판매 또는 사용 등이 금지된 식품 등의 취급 여부에 관한 단속
③ 표시 또는 광고 기준의 위반 여부에 관한 단속
④ 출입·검사 및 검사에 필요한 식품 등의 수거
⑤ 시설기준의 적합 여부의 확인·검사
⑥ 영업자 및 종업원의 건강진단 및 위생교육의 이행 여부의 확인·지도
⑦ 조리사 및 영양사의 법령 준수사항 이행 여부의 확인·지도
⑧ 행정처분의 이행 여부 확인
⑨ 식품 등의 압류·폐기 등
⑩ 영업소의 폐쇄를 위한 간판 제거 등의 조치
⑪ 그 밖에 영업자의 법령이행 여부에 관한 확인·지도

5 식품접객업

휴게음식점영업	주로 다류, 아이스크림류 등을 조리·판매하거나 패스트푸드점, 분식점 형태의 영업 등 음식류를 조리·판매하는 영업으로서 음주행위가 허용되지 아니하는 영업
일반음식점영업	음식류를 조리·판매하는 영업으로서 식사와 함께 부수적으로 음주행위가 허용되는 영업
단란주점영업	주로 주류를 조리·판매하는 영업으로서 손님이 노래를 부르는 행위가 허용되는 영업
유흥주점영업	주로 주류를 조리·판매하는 영업으로서 유흥종사자를 두거나 유흥시설을 설치할 수 있고 손님이 노래를 부르거나 춤을 추는 행위가 허용되는 영업

6 영업허가를 받아야 하는 영업

식품조사처리업, 단란주점영업, 유흥주점영업

7 건강진단

영업자 및 그 종업원은 건강진단을 받아야 하며 매년 1회 실시

8 조리사를 두어야 하는 곳

복어를 조리·판매하는 영업을 하는 자, 집단급식소

06 공중보건

1 공중보건의 개념

① 공중보건의 목적 : 질병예방, 생명연장, 건강증진
② 공중보건의 대상 : 개인이 아닌 지역사회(시·군·구)가 최소단위
③ 건강의 정의(WHO의 정의) : 건강이란 단순한 질병이나 허약한 부재 상태만을 나타내는 것이 아니라 육체적·정신적·사회적으로 완전한 상태

④ 공중보건의 평가지표 : 영아사망률, 일반사망률, 비례사망지수, 질병이환률, 사인별 사망률, 모성사망률, 평균 수명 등

2 환경위생 및 환경오염 관리

(1) 일광

구분	내용
자외선	• 일광의 3분류 중 파장이 가장 짧음 • 살균력 : 2,500~2,800Å일 때 살균력이 가장 강해 소독에 이용 • 도르노선(Dorno선 : 생명선, 건강선) • 구루병 예방(비타민 D 형성) • 피부색소 침착, 심하면 결막염, 설안염, 백내장, 피부암 등 유발
가시광선	• 인간에게 색채와 명암 부여
적외선	• 파장이 가장 길(7,800Å 이상) • 열선 • 일사병(열사병), 피부온도상승, 국소혈관의 확장작용, 백내장 등 유발

(2) 온열 환경

① 감각온도의 3요소 : 기온, 기습, 기류

② 온열조건인자 : 기온, 기습, 기류, 복사열

(3) 공기 및 대기오염

① 공기조성 : 질소(N_2) 78% 〉 산소(O_2) 21% 〉 아르곤(Ar) 0.9% 〉 이산화탄소(CO_2) 0.03% 〉 기타원소 0.07%

② 공기 오염도 요인

구분	내용
이산화탄소(CO_2)	• 실내공기 오염의 지표로 이용 • 위생학적 허용한계 : 0.1%(1,000ppm)
아황산가스(SO_2)	• 실외공기(대기오염) 지표 • 자동차 배기가스
일산화탄소(CO)	• 물체의 불완전 연소 시 발생(무색, 무미, 무취, 무자극, 맹독성) • 조직 내 산소결핍증 초래

③ 공기의 자정작용

구분	내용
희석작용	공기 자체의 희석작용(확산, 이동)
세정작용	강우, 강설 등에 의한 세정작용
산화작용	산소, 오존, 과산화수소 등에 의한 산화작용
살균작용	일광(자외선)에 의한 살균작용
탄소동화작용	식물에 의한 탄소동화작용(산소와 이산화탄소 교환 작용)

④ 군집독 : 다수인이 밀집한 곳의 실내공기는 화학적 조성이나 물리적 조성의 변화로 인해 두통, 불쾌감, 권태, 현기증, 구토 등의 생리적 이상을 일으키는 현상
⑤ 기온의 역전 현상 : 상부 기온이 하부 기온보다 높을 때(런던 스모그 등)

(4) 물

① 수인성 감염병

종류	장티푸스, 파라티푸스, 세균성 이질, 콜레라, 아메바성 이질 등
특징	• 환자 발생이 폭발적 • 오염원 제거로 일시에 종식될 수 있음 • 음료수 사용 지역과 유행 지역이 일치 • 치명률이 낮고 잠복기가 짧음 • 2차 감염환자의 발생이 거의 없음 • 계절에 관계없이 발생 • 성별, 나이, 생활수준, 직업에 관계없이 발생
증상	반상치, 우치, 청색아, 설사 등

② 물의 소독 : 염소소독법(수도)

(5) 상하수도

① 상수도 정수 과정 : 취수 → 침전 → 여과 → 소독 → 급수
② 하수 처리과정 : 예비처리 → 본처리 → 오니처리
③ 하수의 위생측정 : BOD, DO, COD

(6) 오물처리

매립법, 소각법, 비료화법

(7) 구충·구서

① 발생 원인 및 서식처를 제거(가장 근본 대책)
② 발생 초기에 실시
③ 구제 대상 동물의 생태, 습성에 맞추어 실시
④ 광범위하게 동시에 실시

(8) 소음

① 음의 크기 : phon
② 측정단위 : 데시벨(dB)

3 역학 및 질병 관리

(1) 역학의 목적

① 질병의 예방을 위하여 질병 발생을 결정하는 요인 규명
② 질병의 측정과 유행 발생의 감시
③ 질병의 자연사 연구

④ 보건의료의 기획과 평가를 위한 자료 제공
⑤ 임상 연구에서의 활용

(2) 감염병 발생

① 감염병 발생의 3대 요인 : 감염원(병인), 감염경로(환경), 숙주의 감수성
② 감수성 지수(접촉감염지수) : 두창, 홍역(95%) 〉 백일해(60~80%) 〉 성홍열(40%) 〉 디프테리아(10%) 〉 폴리오(0.1%)

(3) 감염병의 생성과정

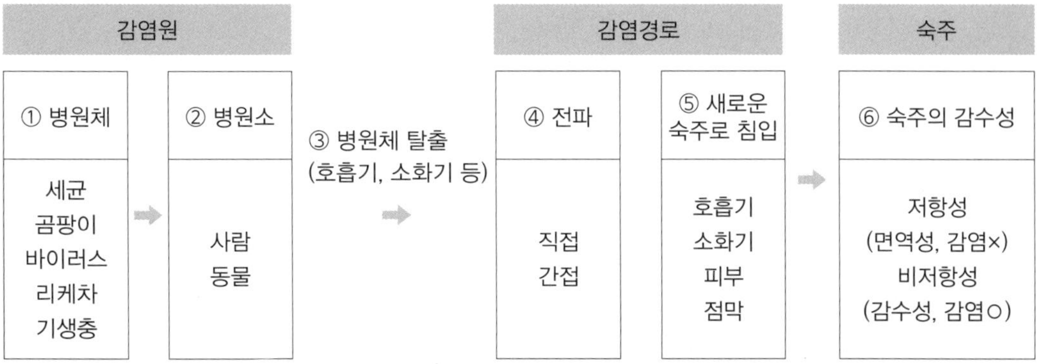

감염원			감염경로		숙주
① 병원체	② 병원소	③ 병원체 탈출 (호흡기, 소화기 등)	④ 전파	⑤ 새로운 숙주로 침입	⑥ 숙주의 감수성
세균 곰팡이 바이러스 리케차 기생충	사람 동물		직접 간접	호흡기 소화기 피부 점막	저항성 (면역성, 감염×) 비저항성 (감수성, 감염○)

(4) 법정감염병(감염병의 예방 및 관리에 관한 법률, 2024. 9. 15)

구분	감염병
제1급 감염병	에볼라바이러스병, 마버그열, 라싸열, 크리미안콩고출혈열, 남아메리카출혈열, 리프트밸리열, 두창, 페스트, 탄저, 보툴리눔독소증, 야토병, 신종감염병증후군, 중증급성호흡기증후군(SARS), 중동호흡기증후군(MERS), 동물인플루엔자 인체감염증, 신종인플루엔자, 디프테리아
제2급 감염병	결핵, 수두, 홍역, 콜레라, 장티푸스, 파라티푸스, 세균성이질, 장출혈성대장균감염증, A형간염, 백일해, 유행성이하선염, 풍진, 폴리오, 수막구균 감염증, b형헤모필루스인플루엔자, 폐렴구균 감염증, 한센병, 성홍열, 반코마이신내성황색포도알균(VRSA) 감염증, 카바페넴내성장내세균목(CRE) 감염증, E형간염
제3급 감염병	파상풍, B형간염, 일본뇌염, C형간염, 말라리아, 레지오넬라증, 비브리오패혈증, 발진티푸스, 발진열, 쯔쯔가무시증, 렙토스피라증, 브루셀라증, 공수병, 신증후군출혈열, 후천성면역결핍증(AIDS), 크로이츠펠트-야콥병(CJD) 및 변종크로이츠펠트-야콥병(vCJD), 황열, 뎅기열, 큐열, 웨스트나일열, 라임병, 진드기매개뇌염, 유비저, 치쿤구니야열, 중증열성혈소판감소증후군(SFTS), 지카바이러스 감염증, 매독
제4급 감염병	인플루엔자, 회충증, 편충증, 요충증, 간흡충증, 폐흡충증, 장흡충증, 수족구병, 임질, 클라미디아감염증, 연성하감, 성기단순포진, 첨규콘딜롬, 반코마이신내성장알균(VRE) 감염증, 메티실린내성황색포도알균(MRSA) 감염증, 다제내성녹농균(MRPA) 감염증, 다제내성아시네토박터바우마니균(MRAB) 감염증, 장관감염증, 급성호흡기감염증, 해외유입기생충감염증, 엔테로바이러스감염증, 사람유두종바이러스 감염증

(5) 감염병의 분류

① 세균, 바이러스

구분	세균	바이러스
소화기계	콜레라, 장티푸스, 파라티푸스, 세균성 이질	소아마비(폴리오), 유행성 간염
호흡기계	디프테리아, 백일해, 나병(한센병), 결핵, 폐렴, 성홍열	인플루엔자, 홍역, 유행성 이하선염, 두창
피부점막	파상풍, 페스트	일본뇌염, 광견병(공수병), AIDS

② 리케차 : 발진티푸스, 발진열, 쯔쯔가무시증(양충병)

③ 직접신체접촉 : 매독, 임질, 성병

④ 개달물(의복, 침구, 서적, 완구 등) 감염으로 전파 : 트라코마

(6) 면역

① 면역의 종류

선천적 면역	• 체내에 자연적으로 형성된 면역 • 종속면역, 인종면역, 개인의 특이성	
후천적 면역 : 전염병의 환후나 예방접종 등에 형성된 면역	능동 면역	• 자연 능동 면역 : 질병감염 후 획득한 면역 • 인공 능동 면역 : 예방접종(백신)으로 획득한 면역
	수동 면역	• 자연 수동 면역 : 모체로부터 얻는 면역(태반, 수유) • 인공 수동 면역 : 혈청 접종으로 얻는 면역

② 예방접종(인공면역)

구 분	연 령	종 류
기본접종	생후 4주 이내	BCG(결핵 예방접종)
	생후 2, 4, 6개월	경구용 소아마비, DPT
	15개월	홍역, 볼거리, 풍진
	3~15세	일본뇌염
추가 접종	18개월, 4~6세, 11~13세	경구용 소아마비, DPT
	매년	유행전 접종(독감)

TIP DPT

D: 디프테리아, P: 백일해, T: 파상풍

(7) 인수공통감염병

결핵(세균)	소	돈단독(세균)	소, 돼지, 말
탄저병(세균)	소, 말, 양	Q열(리케차)	소, 양
파상열(세균)	소, 돼지, 염소 증상 : 사람(열병), 동물(유산)	광견병(바이러스)	개
야토병(세균)	토끼	페스트(세균)	쥐
조류인플루엔자 (바이러스)	닭, 칠면조, 야생조류	렙토스피라증 (세균)	쥐

4 산업보건관리

(1) 직업병

이상온도	고열 환경(이상고온) : 열중증(열경련증, 열쇠약증, 열사병) 저온 환경(이상저온) : 동상, 동창, 참호족염
이상기압	고압 환경(이상고기압) : 잠함병 저압 환경(이상저기압) : 고산병, 항공병, 이명현상
방사선	조혈기능장애, 피부점막 궤양과 암 형성, 생식기 장애, 백내장
조명불량	안구진탕증, 근시, 안정피로, 작업능률 저하
분진	진폐증(먼지), 규폐증(유리규산), 석면폐증(석면), 활석폐증(활석)
진동	레이노드병

제2편 음식 안전관리

01 개인안전 관리

1 개인 안전사고 예방 및 사후 조치

(1) 위험도 경감의 원칙

① 사고발생 예방과 피해 심각도의 억제

② 위험도 경감 전략의 핵심요소 : 위험요인 제거, 위험발생 경감, 사고피해 경감

③ 위험도 경감은 사람, 절차 및 장비의 3가지 시스템 구성요소를 고려하여 다양한 위험도 경감접근법 검토

(2) 재해

근로자가 물체나 사람과의 접촉으로 혹은 몸담고 있는 환경의 갖가지 물체나 작업조건에 작업자의 동작으로 말미암아 자신이나 타인에게 상해를 입히는 것, 구성요소의 연쇄반응현상

(3) 재해 발생의 원인

① 부적합한 지식

② 부적합한 태도의 습관

③ 불완전한 행동

④ 불완전한 기술

⑤ 위험한 환경

(4) 안전교육의 목적

① 상해, 사망 또는 재산 피해를 불러일으키는 불의의 사고를 예방하는 것

② 일상생활에서 개인 및 집단의 안전에 필요한 지식, 기능, 태도 등을 이해시킴

③ 안전한 생활을 영위할 수 있는 습관을 형성시키는 것

④ 개인과 집단의 안전성을 최고로 발달시키는 교육

⑤ 인간생명의 존엄성을 인식시키는 것

(5) 응급처치의 목적

① 다친 사람이나 급성 질환자에게 사고현장에서 즉시 취하는 조치로 119신고부터 부상이나 질병을 의학적 처치 없이도 회복될 수 있도록 도와주는 행위까지 포함

② 건강이 위독한 환자에게 전문적인 의료가 실시되기에 앞서 긴급히 실시되는 처치

③ 생명을 유지시키고 더 이상의 상태악화를 방지 또는 지연시키는 것

2 작업 안전관리

(1) 조리작업 시의 유해·위험 요인

① 베임, 절단
② 화상, 데임
③ 미끄러짐, 넘어짐
④ 전기감전, 누전
⑤ 유해화학물질 취급 등으로 인한 피부질환(피부 가려움, 부풀어오름 또는 붉어짐)
⑥ 화재발생 위험
⑦ 근골격계질환(요통, 손목·팔 저림)

02 장비·도구 안전작업

1 조리장비·도구 안전관리 지침

(1) 일상점검

주방관리자가 매일 조리기구 및 장비를 사용하기 전에 육안을 통해 주방 내에서 취급하는 기계·기구·전기·가스 등의 이상여부와 보호구의 관리실태 등을 점검하고 그 결과를 기록·유지하도록 하는 것

(2) 정기점검

조리작업에 사용되는 기계·기구·전기·가스 등의 설비기능 이상 여부와 보호구의 성능 유지 여부 등에 대하여 매년 1회 이상 정기적으로 점검을 실시하고 그 결과를 유지

(3) 긴급점검

① 손상점검 : 재해나 사고에 의해 비롯된 구조적 손상 등에 대하여 긴급히 시행하는 점검
② 특별점검 : 결함이 의심되는 경우나, 사용제한 중인 시설물의 사용 여부 등을 판단하기 위해 실시하는 점검

03 작업환경 안전관리

1 작업장 안전관리

(1) 작업장 내 안전사고 발생원인

① 고온, 다습한 환경조건 하에서 조리(환경적 요인)
② 주방시설의 노후화
③ 주방시설의 관리 미흡
④ 주방바닥의 미끄럼방지 설비 미흡
⑤ 주방종사원들의 재해방지 교육 부재로 인한 안전지식 결여

⑥ 주방시설과 기물의 올바르지 못한 사용
⑦ 가스 및 전기의 부주의 사용
⑧ 종사원들의 육체적·정신적 피로

2 화재예방 및 조치방법

(1) 화재원인

① 전기제품 누전으로 인한 전기화재
② 조리기구(가스레인지) 주변 가연물에 의한 화재
③ 가스레인지 주변 벽이나 환기구 후드에 있는 기름 찌꺼기 화재
④ 조리 중 자리이탈 등 부주의에 의한 화재
⑤ 식용유 사용 중 과열로 인한 화재
⑥ 기타 화기취급 부주의

(2) 화재예방

① 화재 위험성이 있는 화기나 설비 주변은 정기적으로 점검
② 지속적이고 정기적으로 화재예방에 대한 교육 실시
③ 지정된 위치에 소화기 유무 확인 및 소화기 사용법 교육 실시
④ 화재발생 위험 요소가 있을 수 있는 기계나 기기의 수리 및 점검
⑤ 전기의 사용지역에서는 접선이나 물의 접촉 금지
⑥ 뜨거운 오일이나 유지의 화염원 근처 방치 금지

(3) 화재 시 대처요령

① 화재 발생 시 경보를 울리거나 큰소리로 주위에 먼저 알린다.
② 신속히 원인 제거(예 : 가스 누출 시 밸브 잠그기)
③ 몸에 불이 붙었을 경우 제자리에서 바닥에 구른다.
④ 소화기나 소화전을 사용하여 불을 끈다(평소 소화기 사용방법 및 비치 장소를 숙지).

제3편 음식 재료관리

01 식품재료의 성분

1 수분

(1) 수분의 종류

유리수(자유수)	결합수
식품 중 유리상태로 존재하는 물(보통의 물)	식품 중 탄수화물, 단백질 분자의 일부를 형성하는 물
수용성 물질을 용해 시킴	물질을 녹일 수 없음
미생물의 생육에 이용	미생물 생육 불가
0℃ 이하에서 동결	0℃ 이하에서 동결되지 않음
건조 시 쉽게 분리	쉽게 건조되지 않음
4℃에서 비중이 가장 큼	유리수보다 밀도가 큼

(2) 수분의 기능

① 체내 영양소와 노폐물 운반
② 신체의 구성영양소
③ 체온조절
④ 윤활제 역할
⑤ 전해질의 평행유지
⑥ 용매작용

(3) 수분활성도(Aw)

$$\text{식품의 수분활성도} = \frac{\text{식품 속의 수증기압}}{\text{순수한 물의 수증기압}}$$

2 탄수화물

① 단당류

5탄당	아라비노스, 리보스, 자일로스
6탄당	포도당, 과당, 갈락토오스, 만노오스

② 이당류

자당(설탕, 서당)	• 포도당 + 과당 • 사탕수수나 사탕무에 많이 함유
맥아당(엿당)	• 포도당 + 포도당 • 엿기름에 많음
젖당(유당)	• 포도당 + 갈락토오스 • 동물 유즙에 많이 존재

③ 다당류

전분(녹말)	• 포도당이 결합된 형태 • 아밀로오스와 아밀로펙틴으로 구성 • 찹쌀 : 아밀로펙틴으로만 구성
글리코겐	• 동물의 몸에 저장된 탄수화물 형태
섬유소	• 영양적 가치는 없으나 배변 촉진
펙틴	• 세포벽과 세포 사이 층에 존재 • 당과 산이 존재하는 조건하에서 겔(Gel)을 형성하여 잼, 젤리를 만드는 데 이용
한천(agar)	• 우뭇가사리 등 홍조류에 존재하는 점질물로 동결건조한 제품 • 빵, 양갱, 젤리, 우유 등의 안정제로 사용

④ 당질의 감미도 순서 : 과당 〉 전화당 〉 설탕 〉 포도당 〉 맥아당 〉 갈락토오스 〉 젖당

3 지질

① 지질의 분류

단순지질	• 지방산과 글리세롤의 에스테르 결합 • 중성지방(지방산+글리세롤), 왁스(지방산+고급알코올)
복합지질	• 단순지질에 인·당·단백질 등이 결합 • 인지질(단순지질+인), 당지질(단순지질+당), 단백지질(단순지질+단백질) 등
유도지질	• 단순지질과 복합지질이 가수분해될 때 생성되는 지용성 물질 • 지방산, 콜레스테롤, 에르고스테롤, 지용성 비타민류 등

② 지방산의 분류

포화지방산	• 탄소와 탄소 사이의 결합에 이중결합이 없는 지방산 • 융점이 높아 상온에서 고체상태 • 동물성 지방 식품에 함유
불포화지방산	• 탄소와 탄소 사이의 결합에 1개 이상의 이중결합이 있는 지방산 • 융점이 낮아 상온에서 액체상태 • 식물성 기름, 어류, 견과류에 함유

필수지방산	• 신체 성장과 정상적인 기능에 반드시 필요한 지방산으로 체내 합성이 불가능해서 반드시 식사로 섭취해야 하는 지방산 • 리놀레산, 리놀렌산, 아라키돈산

③ 지질의 기능적 성질

유화(에멀전화)	• 수중유적형(O/W) : 물 중에 기름이 분산되어 있는 것 예 우유, 생크림, 마요네즈, 아이스크림 • 유중수적형(W/O) : 기름 중에 물이 분산되어 있는 것 예 버터, 마가린
가수소화(경화)	• 액체상태의 기름에 수소(H_2)를 첨가하고 니켈(Ni)과 백금(Pt)을 넣어 고체형의 기름을 만든 것 예 마가린, 쇼트닝
가소성	• 외부 조건에 의해 유지의 상태가 변했다가 외부 조건을 복구해도 유지의 변형 상태는 유지되는 성질
요오드가	• 유지 100g 중에 불포화 결합에 첨가되는 요오드의 g 수 • 요오드가가 높다는 것은 불포화도가 높다는 의미

4 단백질

① 구성 원소 : 탄소(C), 수소(H), 산소(O), 질소(N)

② 단백질의 영양학적 분류

완전단백질	• 생명유지 및 성장에 필요한 필수아미노산이 충분히 들어 있는 단백질 • 달걀(오보알부민, 오보비텔린), 콩(글리시닌), 우유(카제인, 락트알부민), 육류(미오신)
부분적불완전 단백질	• 필수아미노산을 모두 함유하나 그 중 하나 또는 그 이상 아미노산 함량이 부족한 단백질 • 성장유지는 도움이 되지만 성장에는 도움이 되지 않는 단백질 • 보리(호르데인), 밀·호밀(글리아딘), 쌀(오리제닌)
불완전단백질	• 하나 또는 그 이상의 필수아미노산이 결여된 단백질 • 생명유지와 성장 모두에 도움이 되지 않는 단백질 • 옥수수(제인), 젤라틴

③ 필수아미노산 : 체내에서 합성하지 않아 반드시 음식으로 섭취해야 하는 아미노산

④ 성인이 필요한 필수아미노산(8가지) : 트립토판, 발린, 트레오닌, 이소루신, 루신, 리신, 페닐아라닌, 메티오닌

⑤ 성장기 어린이에게 필요한 필수아미노산 : 알기닌, 히스티딘

5 무기질

① 무기질 종류

칼슘(Ca)	흡수촉진(비타민 D), 흡수방해(수산), 골다공증
인(P)	골격과 치아를 구성, 칼슘과 인 섭취 비율(성인) = 1 : 1
마그네슘(Mg)	근육과 신경흥분 억제 작용, 근육떨림, 경련
나트륨(Na)	삼투압 조절, 산·염기 평형유지, 우리나라 과잉섭취
칼륨(K)	삼투압 조절, 식욕 감퇴
철분(Fe)	헤모글로빈(혈색소) 구성성분, 조혈작용, 철 결핍성 빈혈
코발트(Co)	비타민 B_{12} 구성요소, 악성빈혈
불소(F)	충치(우치), 과량 섭취 시(반상치)
요오드(I)	갑상선 호르몬(티록신) 구성, 갑상선종
구리(Cu)	녹색채소 색소고정에 관여, 저혈색소성 빈혈
아연(Zn)	상처회복, 면역기능

② 알칼리성 식품 : 과일, 야채, 해조류 등(Ca, Na, K, Mg, Fe, Cu, Mn(망간)을 많이 함유한 식품)

③ 산성 식품 : 곡류, 육류, 어류 등(P, S, Cl 등을 많이 함유한 식품)

6 비타민

① 지용성 비타민

비타민 A(레티놀)	눈의 작용, 카로틴 → 비타민 A로 전환, 야맹증, 안구건조증
비타민 D(칼시페롤)	자외선 쬐면 합성됨, 골격과 치아 발육 촉진, 구루병, 골다공증
비타민 E(토코페롤)	항산화제 역할, 노화촉진(인간), 불임증(동물)
비타민 K(필로퀴논)	혈액응고(지혈작용)
비타민 F(리놀레산)	성장과 영양에 필요, 피부건조증, 피부염

② 수용성 비타민

비타민 B_1(티아민)	탄수화물 대사 조효소, 각기병
비타민 B_2(리보플라빈)	구순염, 구각염, 설염
비타민 B_3(나이아신)	펠라그라
비타민 B_6(피리독신)	항피부염성 비타민, 피부염
비타민 B_9(엽산)	적혈구 등의 세포 생성에 도움, 빈혈

비타민 B_{12}(코발라민)	악성빈혈
비타민 C(아스코르브산)	물에 잘 녹음(조리 시 손실이 큼), 괴혈병, 면역력 감소

7 식품의 색

① 식물성 색소

<table>
<tr><td>클로로필</td><td colspan="2">• 녹색채소의 색깔
• 산성(식초물) : 녹황색(페오피틴)
• 알칼리(소다첨가) : 진한 녹색(클로로필린)</td></tr>
<tr><td rowspan="2">플로보노이드</td><td colspan="2">• 식물에 넓게 분포하는 황색계통의 수용성 색소
• 산성 : 흰색(연근, 우엉 식초물 삶으면 흰색 됨)
• 알칼리 : 진한 황색(밀가루 반죽 + 소다 → 빵의 색이 진한 황색 됨)</td></tr>
<tr><td>안토시안</td><td>• 꽃, 과일(사과, 딸기, 가지 등)의 적색, 자색의 색소
• 산성(식초물) : 적색
• 알칼리(소다첨가) : 청색</td></tr>
<tr><td>카로티노이드</td><td colspan="2">• 황색, 주황색, 적색의 색소(당근, 토마토, 고추, 감 등)
• 비타민 A 기능</td></tr>
</table>

② 동물성 색소

미오글로빈	동물의 근육색소
헤모글로빈	동물의 혈액색소(Fe 함유)
아스타산틴	새우, 게, 가재 등에 포함된 색소
멜라닌	오징어 먹물 색소

8 식품의 갈변

① 효소적 갈변

폴리페놀 옥시다아제	• 채소류나 과일류를 자르거나 껍질을 벗길 때의 갈변 • 홍차 갈변
티로시나아제	• 감자 갈변

② 비효소적 갈변

마이야르 반응 (아미노카르보닐, 멜라노이드 반응)	아미노기와 카르보닐기가 공존할 때 일어나는 반응으로 멜라노이딘 생성 예 된장, 간장, 식빵, 케이크, 커피
캐러멜화 반응	당류를 고온(180~200℃)으로 가열했을 때 산화 및 분해 산물에 의한 중합, 축합 반응 예 간장, 소스, 합성 청주, 약식
아스코르브산의 반응	감귤류의 가공품인 오렌지주스나 농축산물에서 일어나는 갈색반응

9 식품의 맛과 냄새

① 식품의 맛

단맛	• 포도당, 과당 등의 단당류, 이당류(설탕, 맥아당) • 만니트 : 해조류
짠맛	• 염화나트륨(소금)
신맛	• 식초산, 구연산(감귤류, 살구 등), 주석산(포도)
쓴맛	• 카페인 : 커피, 초콜릿 • 테인 : 차류 • 호프 : 맥주
아린맛	• 쓴맛 + 떫은맛의 혼합 맛

② 맛의 여러 가지 현상

맛의 대비현상(강화현상)	• 서로 다른 2가지 맛이 작용해 주된 맛성분이 강해지는 현상
맛의 변조현상	• 한 가지 맛을 느낀 후 바로 다른 맛을 보면 원래의 식품 맛이 다르게 느껴지는 현상
맛의 상승현상	• 같은 맛 성분을 혼합하여 원래의 맛보다 더 강한 맛이 나게 되는 현상
맛의 상쇄현상	• 상반되는 맛이 서로 영향을 주어 각각의 맛을 느끼지 못하고 조화로운 맛을 느끼는 것(새콤 달콤)
맛의 억제현상	• 다른 맛이 혼합되어 주된 맛이 억제 또는 손실되는 현상
미맹현상	• 쓴맛 성분 PTC(Phenyl Thiocarbamide)를 느끼지 못하는 것 • 맛을 보는 감각에 장애가 있어 정상인이 느낄 수 있는 맛을 느끼지 못함
맛의 피로현상	• 같은 맛을 계속 섭취하면 미각이 둔해져 그 맛을 알 수 없게 되거나 다르게 느끼는 현상

10 식품의 특수성분

① 생선 비린내 성분 : 트리메틸아민
② 참기름 : 세사몰
③ 마늘 : 알리신
④ 고추 : 캡사이신
⑤ 겨자 : 시니그린
⑥ 후추 : 차비신, 피페린
⑦ 울금 : 커큐민
⑧ 생강 : 진저론

⑨ 맥주 : 호프(후물론)
⑩ 산초 : 산쇼올
⑪ 커피, 초콜릿 : 카페인
⑫ 홍어 : 암모니아

02 효소

1 효소 반응에 영향을 미치는 인자

온도, pH, 효소농도, 기질농도

2 소화작용

(1) 탄수화물 분해 효소

① 프티알린(아밀라아제) : 전분 → 맥아당
② 수크라아제 : 자당 → 포도당+과당
③ 말타아제 : 맥아당 → 포도당+포도당
④ 락타아제 : 젖당 → 포도당+갈락토오즈

(2) 단백질 분해 효소

① 펩신 : 단백질 → 펩톤
② 트립신 : 단백질, 펩톤 → 아미노산

(3) 지질 분해 효소

리파아제 : 지방 → 지방산+글리세롤

03 식품과 영양

1 영양소의 기능 및 영양소 섭취기준

(1) 기능에 따른 분류

열량영양소	탄수화물, 지방, 단백질
구성영양소	단백질, 무기질, 물
조절영양소	무기질, 비타민, 물

(2) 기초식품군

식품군	영양소	종류
곡류	탄수화물	쌀, 보리, 빵, 떡, 감자, 고구마
고기·생선·달걀·콩류	단백질	소고기, 돼지고기, 닭고기, 고등어, 오징어, 두부
채소류	무기질·비타민	배추, 무, 오이, 마늘, 김
과일류	무기질·비타민	사과, 배, 딸기, 수박
우유·유제품	칼슘	우유, 치즈, 아이스크림, 요구르트
유지·당류	지방	참기름, 콩기름, 마요네즈, 버터, 꿀

(3) 영양섭취기준

평균필요량	대상 집단을 구성하는 건강한 사람들의 절반에 해당하는 사람들에게 1일 필요량을 충족시키는 섭취수준
권장섭취량	대부분의 사람들에 대해 필요량을 충족시키는 섭취수준
충분섭취량	영양소 필요량에 대한 자료가 부족하여 권장섭취량을 설정할 수 없을 때 제시되는 섭취수준
상한섭취량	사람의 건강에 유해영향이 나타나지 않는 최대영양소의 섭취수준

(4) 기초대사에 영향을 주는 인자

① 체표면적이 클수록 소요열량이 크다.
② 남자가 여자보다 소요열량이 크다.
③ 근육질인 사람이 지방질인 사람보다 소요열량이 크다.
④ 기온이 낮으면 소요열량이 커진다.

제4편 음식 구매관리

01 시장조사 및 구매관리

1 시장조사

(1) 시장조사의 목적

① 구매예정가격의 결정
② 합리적인 구매계획의 수립
③ 신제품의 설계
④ 제품개량

(2) 시장조사의 내용

① 품목
② 품질
③ 수량
④ 가격
⑤ 시기
⑥ 구매거래처
⑦ 거래조건

(3) 시장조사의 원칙

비용 경제성의 원칙	최소의 비용으로 시장조사
조사 적시성의 원칙	시장조사는 구매업무를 수행하는 소정의 기간 내에 끝내야 함
조사 탄력성의 원칙	시장의 수급상황이나 가격변동에 탄력적으로 대응 조사
조사 계획성의 원칙	사전에 시장조사 계획을 철저히 세워 실시
조사 정확성의 원칙	세운 계획의 내용을 정확하게 조사

2 식품구매관리

① 식품구매 절차

필요성 인식 → 물품의 종류 및 수량 결정 → 물품 구매명세서 작성 → 공급업체 선정 및 계약 → 발주 → 납품 및 검수 → 대금지급 → 입고 → 구매기록 보관

② 공급업체 선정방법

경쟁입찰계약	수의계약
• 공급업자에게 견적서를 제출받고 품질이나 가격을 검토한 후 낙찰자를 정하여 계약을 체결하는 방법 • '공식적 구매방법' • 일반경쟁입찰, 지명경쟁입찰로 나뉨 • 쌀, 건어물 등 저장성이 높은 식품 구매 시 적합 • 공평하고 경제적	• 공급업자들을 경쟁을 시키지 않고 계약을 이행할 수 있는 특정업체와 계약을 체결하는 방법 • '비공식적 구매방법' • 복수견적, 단일견적으로 나뉨 • 채소류, 두부, 생선 등 저장성이 낮고 가격변동이 많은 식품 구매 시 적합 • 절차 간편, 경비와 인원 감소 가능

3 식품재고관리

(1) 재고자산 평가방법

① 선입선출법
② 후입선출법
③ 개별법
④ 단순평균법
⑤ 이동평균법
⑥ 당기소비량
⑦ 월중소비액

02 검수관리

1 검수 절차

납품 물품과 발주서, 납품서 대조 및 품질 검사 → 물품의 인수 또는 반품 → 인수물품의 입고 → 검수 기록 및 문서 정리

03 원가

1 원가의 3요소

① 재료비
② 노무비
③ 경비

2 원가계산의 원칙

진실성의 원칙	제품의 제조 등에 발생한 원가를 있는 그대로 계산하여 진실성 파악
발생기준의 원칙	모든 비용과 수익은 그 발생 시점을 기준으로 계산
계산경제성의 원칙	원가의 계산 시 경제성 고려
확실성의 원칙	원가의 계산 시 여러 방법이 있을 경우 가장 확실한 방법 선택
정상성의 원칙	정상적으로 발생한 원가만 계산
비교성의 원칙	원가계산은 다른 일정기간 또는 다른 부문의 원가와 비교
상호관리의 원칙	원가계산은 일반회계·각요소별·부문별·제품별 계산과 상호관리가 가능

3 원가의 구성

① 직접원가(기초원가) : 직접 재료비 + 직접 노무비 + 직접 경비
② 제조원가 : 직접 원가 + 제조 간접비
③ 총원가 : 판매 관리비 + 제조원가
④ 판매원가 : 총원가 + 이익

4 손익분기점

수입과 총비용이 일치하는 점(손실도 이익도 없음)

5 감가상각

시간이 지남에 따라 손상되어 감소하는 고정자산(토지, 건물 등)의 가치를 내용연수에 따라 일정한 비율로 할당하여 감소시켜 나가는 것을 의미, 이때 감소된 비용을 감가상각비라 함

제5편 한식 기초 조리실무

01 조리 준비

1 조리의 정의 및 기본 조리조작

① 조리의 정의 : 식사계획에서부터 식품의 선택, 조리조작 및 식탁차림 등 준비에서부터 마칠 때까지의 전 과정

② 조리의 목적 : 영양성, 기호성, 안전성, 저장성

③ 조리의 방법

기계적 조리 조작	저울에 달기, 씻기, 썰기, 다지기, 담그기, 갈기, 치대기, 섞기, 내리기, 무치기, 담기
가열적 조리 조작	습열에 의한 조리, 건열에 의한 조리, 전자레인지에 의한 조리
화학적 조리 조작	알칼리 물질(연화·표백), 알콜(탈취·방부), 금속염(응고), 효소(분해), 조미 예 빵, 술, 된장

2 식재료의 계량 방법

(1) 계량 단위

① 1컵 = 1Cup = 1C = 약 13큰술+1작은술 = 물 200ml = 물 200g

② 1큰술 = 1Table spoon = 1Ts = 3작은술 = 물 15ml = 물 15g

③ 1작은술 = 1tea spoon = 1ts = 물 5ml = 물 5g

④ 1온스(ounce, oz) = 30cc = 28.35g

⑤ 1파운드(pound, 1b) = 453.6g = 16온스

⑥ 1쿼터(quart) = 960ml = 32온스

(2) 계량 방법

가루상태의 식품 예 밀가루, 설탕	덩어리가 없는 상태에서 누르지 말고 수북하게 담아 평평한 것으로 고르게 밀어 표면이 평면이 되도록 깎아서 계량
액체식품 예 기름, 간장, 물, 식초	액체 계량컵이나 계량스푼에 가득 채워서 계량하거나 평평한 곳에 높고 눈높이에서 보아 눈금과 액체의 표면 아랫부분을 눈과 같은 높이에 맞추어 읽음
고체식품 예 마가린, 버터, 다짐육, 흑설탕	계량컵이나 계량스푼에 빈 공간이 없도록 가득 채워서 표면을 평면이 되도록 깎아서 계량
알갱이 상태의 식품 예 쌀, 팥, 통후추, 깨	계량컵이나 계량스푼에 가득 담아 살짝 흔들어서 공간을 메운 뒤 표면을 평면이 되도록 깎아서 계량
농도가 큰 식품 예 고추장, 된장	계량컵이나 계량스푼에 꾹꾹 눌러 담아 평평한 것으로 고르게 밀어 표면이 평면이 되도록 깎아서 계량

3 조리장의 시설 및 설비 관리

① 조리장의 3원칙 및 우선적 고려사항 : 위생 〉 능률 〉 경제

② 조리장의 설비 관리

구분	내용
바닥	내수성 자재 사용, 물매는 1/100 이상
벽, 창문	창의 면적은 바닥 면적의 20~30%, 방충 설비
작업대	높이는 신장의 약 52%(80~85cm), 너비는 55~60cm
조명	시설객석 30Lux(유흥음식점 10Lux), 단란주점 30Lux, 조리실 50Lux 이상
환기	경사각은 30도로 후드의 형태는 4방 개방형으로 하는 것이 가장 효율적

③ 작업대의 종류

구분	내용
ㄴ자형	동선이 짧은 좁은 조리장에 사용
ㄷ자형	면적이 같을 경우 가장 동선이 짧으며 넓은 조리장에 사용
일렬형	작업동선이 길어 비능률적이지만 조리장이 굽은 경우 사용
병렬형	180도 회전을 요하므로 피로가 빨리 옴
아일랜드형	동선이 단축되며 공간 활용이 자유롭고 환풍기와 후드 수 최소화 가능

02 식품의 조리원리

1 전분의 조리

(1) 전분의 구조

① 멥쌀의 구조 : 아밀로펙틴 80%, 아밀로오스 20%

② 찹쌀의 구조 : 아밀로펙틴 100%

(2) 호화, 노화, 호정화, 당화

① 전분의 호화와 노화

구분	내용
호화에 영향을 미치는 인자	• 가열온도가 높을수록 호화↑ • 전분 입자가 클수록 호화↑ • pH가 알칼리성일 때 호화↑ • 알칼리(NaOH) 첨가 시 호화↑ • 수침시간이 길수록 호화↑ • 가열 시 물의 양이 많을수록 호화↑ • 설탕, 지방, 산 첨가 시 호화↓
노화에 영향을 미치는 인자	• 아밀로오스의 함량이 많을 때 노화↑ • 수분함량이 30~60%일 때 노화↑ • 온도가 0~5℃일 때(냉장은 노화촉진, 냉동×) 노화↑ • 다량의 수소이온 노화↑

노화를 억제하는 방법	• 수분 함량을 15% 이하로 유지 • 환원제, 유화제 첨가 • 설탕 다량 첨가 • 0℃ 이하로 급속냉동(냉동법)시키거나 80℃ 이상으로 급속히 건조

② 전분의 호정화(덱스트린화) : 날 전분(β전분)에 물을 가하지 않고 160~170℃로 가열했을 때 가용성 전분을 거쳐 덱스트린(호정)으로 분해되는 반응

예 누룽지, 토스트, 팝콘, 미숫가루, 뻥튀기

③ 전분의 당화 : 전분에 산이나 효소를 작용시키면 가수분해되어 단맛이 증가하는 과정

예 식혜, 조청, 물엿, 고추장

(3) 밀가루

① 밀가루의 종류와 용도

종류	글루텐 함량(%)	용도
강력분	13 이상	식빵, 마카로니, 파스타 등
중력분	10 이상 13 미만	국수류(면류), 만두피 등
박력분	10 미만	튀김옷, 케이크, 파이, 비스킷 등

② 글루텐 형성 도움 : 소금, 달걀, 우유

③ 글루텐 형성 방해 : 설탕, 지방

2 두류의 조리

① 글리시닌 : 콩 단백질인 글로불린에 가장 많이 함유하고 있는 성분

② 사포닌 : 대두와 팥 성분 중 거품을 내며 용혈작용을 하는 독성분

③ 날콩에는 안티트립신이 함유되어 있어 단백질의 체내 이용을 저해하여 소화를 방해

④ 두부의 제조 : 단백질(글리시닌)이 무기염류에 응고되는 성질을 이용하여 만든 음식

⑤ 두부응고제 : 염화칼슘($CaCl_2$), 황산칼슘($CaSO_4$), 황산마그네슘($MgSO_4$), 염화마그네슘($MgCl_2$)

3 채소류의 조리

① 녹색채소의 데치기

물의 양	재료의 5배
산(식초) 첨가	엽록소 → 페오피틴(녹황색)
소다(중조) 첨가	더욱 선명한 푸른색, 조직 연화, 비타민 C 파괴
소금 첨가	클로로필 → 클로로필린(설명한 푸른색)

② 흰색채소의 삶기 예 토란, 우엉, 죽순

쌀뜨물, 식초물	흰색 유지

③ 녹황색채소의 조리 예 당근

기름 첨가	지용성 비타민(비타민 A) 흡수 촉진

④ 수산(옥살산)이 많은 채소의 조리 예 시금치, 근대, 아욱

뚜껑을 열고 데침	수산 제거(수산, 체내에서 칼슘의 흡수를 방해하여 신장결석을 일으킴)

⑤ 당근에는 비타민 C를 파괴하는 효소인 아스코르비나아제가 있어 무, 오이 등과 같이 섭취할 경우 비타민 C의 파괴가 커짐

4 과일 가공품

① 잼 : 과일(사과, 포도, 딸기, 감귤 등)의 과육을 전부 이용하여 설탕(60~65%)을 넣고 점성이 띠게 농축

② 젤리 : 과일즙에 설탕(70%)을 넣고 가열·농축한 후 냉각

③ 마멀레이드 : 과일즙에 설탕, 과일의 껍질, 과육의 얇은 조각이 섞여 가열·농축

④ 프리저브 : 과일을 설탕시럽과 같이 가열하여 과일이 연하고 투명한 상태로 된 것

⑤ 스쿼시 : 과실 주스에 설탕을 섞은 농축 음료수

TIP 젤리화의 3효소

- 펙틴(1~1.5%)
- 당분(60~65%)
- 유기산(0.3% pH 2.8~3.4)

5 육류의 조리

(1) 육류 색소 단백질

① 미오글로빈(육색소)

② 헤모글로빈(혈색소)

(2) 육류의 사후경직과 숙성

사후경직 (사후강직)	• 글리코겐으로부터 형성된 젖산이 축적되어 산성으로 변하면서 액틴(근단백질)과 미오신(근섬유)이 결합되면서 액토미오신이 생성되어 근육이 경직되는 현상 • 도살 후 글리코겐이 혐기적 상태에서 젖산을 생성하여 pH가 저하 • 보수성이 저하되고, 육즙이 많이 유출되어 고기는 질기고, 맛이 없으며 가열해도 연해지지 않음

숙성(자기소화)	• 사후경직이 완료되면 단백질의 분해효소 작용으로 서서히 경직이 풀리면서 자기소화가 일어나는 것 • 숙성이 되면 고기가 연해지고 맛이 좋아지며 소화가 잘됨 • 근육의 자기소화에 의해 가용성 질소화합물 증가

(3) 육류의 연육방법

① 고기를 섬유의 반대 방향으로 썰거나 두들겨서 칼집을 넣어줌
② 설탕이나 청주, 소금 첨가
③ 장시간 물에 넣어 가열
④ 단백질 분해효소가 있는 과일 첨가

(4) 단백질 분해효소에 의한 고기 연화법

① 파파야 : 파파인(Papain)
② 무화과 : 피신(Ficin)
③ 파인애플 : 브로멜린(Bromelin)
④ 배 : 프로테아제(Protease)
⑤ 키위 : 액티니딘(Actinidin)

6 젤라틴(Gelatin)

① 동물의 가죽이나 뼈에 다량 존재하는 불완전 단백질인 콜라겐(Collagen)의 가수분해로 생긴 물질
② 설탕의 첨가량이 많으면 겔 강도를 감소시켜 농도가 증가할수록 응고력 감소(설탕 첨가량은 20~25%가 적당)
③ 산을 첨가하면 응고가 방해되어 부드러움
④ 염류(소금)는 젤라틴의 응고 촉진하여 단단
⑤ 단백질 분해효소를 사용하면 응고력이 약해짐
⑥ 젤라틴의 농도가 높을수록 빠르게 응고
⑦ 용도 : 족편, 마시멜로, 젤리, 아이스크림 등

7 달걀의 조리

(1) 달걀의 특성

① 달걀의 응고성(농후제)
② 난백의 기포성
③ 난황의 유화성
④ 녹변현상(난황 주위 암녹색)

(2) 달걀의 신선도 판별법

외관법	달걀 껍질이 까칠까칠하며 광택이 없고 흔들었을 때 소리가 나지 않는 것	
투광법	난황이 중심에 위치하고 윤곽이 뚜렷하며 기실의 크기가 작은 것	
비중법	6%의 소금물에 담갔을 때 가라 앉는 것	
난황계수·난백계수 측정법	난황계수(난황의 높이÷지름)	• 0.25 이하 : 오래된 것 • 0.36 이상 : 신선한 것
	난백계수(난백의 높이÷지름)	• 0.1 이하 : 오래된 것 • 0.15 이상 : 신선한 것

8 우유의 조리

(1) 우유의 성분

단백질	카제인	• 칼슘과 인이 결합한 인단백질 • 우유 단백질의 약 80% • 산이나 효소(레닌)에 의해 응고 • 열에 의해 응고 × • 요구르트와 치즈 만들 때 활용
	유청단백질	• 카제인이 응고된 후에도 남아있는 단백질 • 우유 단백질의 약 20% • 열에 의해 응고 • 산과 효소(레닌)에 의해서는 응고 ×

(2) 우유 균질화

① 우유의 지방 입자의 크기를 미세하게 하여 유화상태를 유지하려는 과정
② 지방의 소화 용이
③ 지방구 크기를 균일하게 만듦
④ 큰 지방구의 크림층 형성 방지

9 어패류의 조리

(1) 어류의 특징

① 콜라겐과 엘라스틴의 함량이 적어 육류보다 연함
② 산란기 직전에 지방이 많고 살이 올라 가장 맛이 좋음
③ 해수어(바닷물고기)는 담수어보다 지방함량이 많고 맛도 좋음
④ 육류와 다르게 사후강직 후 동시에 자기소화와 부패가 일어남
⑤ 신선도가 저하되면 TMA가 증가하고 암모니아 생성

(2) 어류의 신선도 판정

관능검사	아가미	아가미가 선홍색이고 단단하며 꽉 닫혀있는 것, 신선도가 저하되면 점액질의 분비가 많아지고 부패취가 증가하여 점차 회색으로 변함
	눈	안구가 외부로 돌출하고 생선의 눈이 투명한 것, 신선도가 저하될수록 눈이 흐리고 각막은 눈 속으로 내려앉음
	복부	탄력성이 있는 것(신선한 생선일수록 복부의 탄력성이 좋음)
	표면	비늘이 밀착되어 있고 광택이 나며 점액이 별로 없는 것
	근육	탄력성이 있고 살이 뼈에 밀착되어 있는 것
	냄새	악취, 시큼한 냄새, 암모니아 등의 냄새가 나지 않는 것
생균수 검사		세균의 수가 10^7~10^8인 경우 초기부패
이화학적 검사		휘발성염기질소(VBN), 트리메틸아민(TMA), 히스타민의 함량이 낮을수록 신선

(3) 어패류의 조리방법

① 어육단백질 : 열, 산, 소금 등에 응고

② 생선구이

소금 첨가	생선살이 단단해짐(생선중량의 2~3% 사용)
풍미 ↑	지방 함량이 높은 생선 사용

③ 생선조림, 탕

생선은 나중에 넣기	• 물이나 양념장을 먼저 살짝 끓이다가 생선을 넣음 • 생선의 모양을 유지하고 맛 성분의 유출을 막기 위해 • 국물을 먼저 끓인 후 생선을 넣어야 단백질 응고작용으로 국물이 맑고 생선살이 풀어지지 않고 비린내가 덜남
뚜껑을 열고 끓임	• 처음 가열할 때 수 분간은 뚜껑을 열어 비린내를 휘발

④ 생선숙회 : 신선한 생선편을 끓는 물에 살짝 데치거나 끓는 물을 생선에 끼얹어 회로 이용

⑤ 조개류 : 낮은 온도에서 서서히 조리하여야 단백질의 급격한 응고로 인한 수축을 막음

⑥ 선도가 약간 저하된 생선은 조미를 비교적 강하게 하여 뚜껑을 열고 짧은 시간 내에 끓임

⑦ 생강은 생선이 거의 익은 후 넣음 : 열변성이 되지 않은 어육단백질이 생강의 탈취작용을 방해

10 해조류의 조리

(1) 해조류의 종류

녹조류	• 얕은 바다(20m이내)에 서식 • 클로로필(녹색)이 풍부, 소량의 카로티노이드 함유 예 파래, 매생이, 청각, 클로렐라
갈조류	• 좀 더 깊은 바다(20m이상~40m이내)에 서식 • 카로티노이드인 β-카로틴과 푸코잔틴이 풍부 예 미역, 다시마, 톳, 모자반
홍조류	• 깊은 바다(40m이상~50m이내)에 서식 • 피코에리스린(적색) 풍부, 소량의 카로티노이드 함유 예 김, 우뭇가사리

(2) 한천(우뭇가사리)

① 우뭇가사리 등의 홍조류를 삶아서 점액이 나오면 이것을 냉각·응고시킨 다음 잘라서 동결·건조 시킨 것

② 체내에서 소화되지 않아 영양가는 없으나 물을 흡착하여 팽창함으로써 정장작용 및 변비를 예방

③ 한천의 응고온도는 25~35℃, 용해온도는 80~100℃

④ 산, 우유 첨가 시 겔의 강도 감소

⑤ 설탕 첨가하면 투명감과 점성·탄력 증가하며, 설탕의 농도가 높으면 겔의 농도도 증가

⑥ 용도 : 양갱, 양장피

11 유지 및 유지 가공품

(1) 유지의 종류

식물성 지방	상온에서 액체, 대두유(콩기름), 옥수수유, 포도씨유, 참기름, 들기름, 유채기름 등
동물성 지방	상온계 우지(소기름), 라드(돼지기름), 어유(생선 기름) 등
가공유지	마가린, 쇼트닝 등

(2) 유지의 성질

유화	기름과 물이 혼합되는 것	
	수중유적형(O/W)	물속에 기름이 분산된 형태 예 우유, 마요네즈, 아이스크림, 크림스프 등
	유중수적형(W/O)	기름에 물이 분산된 형태 예 버터, 쇼트닝, 마가린 등
연화	밀가루 반죽에 유지를 첨가하여 지방층을 형성함으로써 전분과 글루텐이 결합하는 것을 방해하는 작용 예 페이스트리, 모약과 등	

가소성	외부에서 가해지는 힘에 의하여 자유롭게 변하는 성질 예 버터, 라드, 쇼트닝 등의 고체지방
발연점	유지를 가열할 때 표면에 푸른 연기가 나기 시작할 때의 온도

(3) 유지의 산패에 영향을 미치는 요인

① 온도가 높을수록 유지의 산패 촉진

② 광선 및 자외선은 유지의 산패 촉진

③ 금속(구리, 철, 납, 알루미늄 등)은 유지의 산패 촉진

④ 유지의 불포화도가 높을수록 산패 촉진

⑤ 수분이 많을수록 유지의 산패 촉진

12 냉동식품의 조리

① 냉동의 종류

급속 냉동	−40℃ 이하의 온도에서 바르게 동결
완만 냉동	−15~−5℃ 온도에서 서서히 동결

② 식육의 동결과 해동 시 조직 손상을 최소화 할 수 있는 방법 : 급속 동결, 완만 해동

13 조미료와 향신료

① 조미료

간장	• 콩으로 만든 고유의 발효 식품 • 염도 16~26% • 짠맛과 감칠맛을 주거나 색을 낼 때 사용 • 국간장(청장) : 국, 전골 • 진간장 : 찌개, 나물 무칠 때, 조림, 포, 육류
소금	• 음식의 맛을 내는 가장 기본적인 조미료
된장	• 콩으로 메주를 쑤어 띄운 다음, 소금물에 담가 숙성시킨 후 간장을 떠내고 남은 것으로 단백질의 좋은 급원
고추장	• 매운맛을 내는 복합 조미료
식초	• 곡물이나 과일을 발효시켜 만드는 것으로 음식에 신맛과 상쾌한 맛을 줌 • 음식에 청량감을 주고, 식용을 증가시켜 소화와 흡수를 도움 • 살균이나 방부의 효과
설탕	• 사탕수수나 사탕무로부터 당액을 분리하여 정제 • 결정화, 탈수성, 보존성

② 조미료의 침투속도를 고려한 조미료의 사용 순서 : 설탕 → 소금 → 식초 → 간장 → 된장 → 고추장

③ 향신료

고추	• 매운맛의 캡사이신은 소화 촉진제 역할 • 자극적이며 음식에 넣으면 감칠맛
마늘	• 매운맛(알리신)과 냄새는 황을 함유 • 고기 누린내나 생선 비린내를 없애는 데 사용하는 한국 음식의 필수 향신료
생강	• 특유의 향과 매운맛(진저롤)이 나는 뿌리 이용
후추	• 매운맛(차비신) • 고기 누린대나 생선 비린내를 없애는 데 사용
겨자	• 매운맛(시니그린) • 40~45℃에서 가장 강한 매운 맛

03 식생활 문화

1 한식의 특징

① 주식과 부식이 뚜렷이 구분
② 농경민족으로 다양한 곡물 음식 발달
③ 음식의 종류와 조리법 다양
④ 음식 맛이 다양하고 향신료 많이 사용
⑤ 음식에 있어서 약식동원의 사상을 중히 여김
⑥ 음식 맛을 중요하게 여기고, 잘게 썰거나 다지는 방법이 많이 쓰임
⑦ 일상식과 의례 음식의 구분이 있음
⑧ 절식과 시식의 풍습이 있음

2 한식의 종류

(1) 주식류

① 밥
② 죽·미음·응이
③ 국수
④ 떡국과 만두

(2) 부식류

① 국·탕
② 찌개·지짐이·조치
③ 전골
④ 찜·선

⑤ 조림·초
⑥ 나물
⑦ 생채
⑧ 구이·적·누르미
⑨ 전유어·지짐
⑩ 회·숙회
⑪ 편육·족편
⑫ 마른반찬
⑬ 김치·장아찌·젓갈

(3) 후식류

① 떡
② 음청류
③ 한과

TIP 떡의 종류

- 찐 떡 : 백설기, 팥시루떡, 두텁떡, 증편, 송편 등
- 삶은 떡 : 경단
- 지지는 떡 : 화전

3 한식의 상차림

① 주식에 따른 구분

구분	내용
초조반상	• 새벽자리에서 일어나 처음 먹는 음식 • 응이, 미음, 죽 등의 유동식 중심 • 맵지 않은 반찬을 올림
반상	• 밥을 주식을 하여 차린 상차림 • 쟁첩에 담은 반찬수에 따라 3첩·5첩·7첩·9첩·12첩 반상으로 나뉨
주안상	• 술을 대접하기 위한 상차림
교자상	• 명절이나 잔치 때 많은 사람이 모여 식사를 하기 위해 큰상을 함께 차려내는 상차림

② 반상의 첩수

반상 차림	첩수에 들어가지 않는 기본 음식							첩수에 들어가는 음식										
	밥	국	김치	장류	찌개	찜	전골	나물		구이	조림	전	마른 반찬	장아찌	젓갈	회	편육	수란
								생채	숙채									
3첩	1	1	1	1				1	1	택1								
5첩	1	1	2	2				택1		1	1	1	택1					
7첩	1	1	2	3	2	택1		1	1	1	1	1	택1			1		
9첩	1	1	3	3	2	1	1	1	1	1	1	1	1	1	1	택1		
12첩	1	1	3	3	2	1	1	1	1	2	1	1	1	1	1	1	1	1

4 한식의 고명

붉은색	건고추, 실고추, 다홍고추, 당근, 대추
초록색	미나리, 실파, 호박, 오이, 풋고추, 쑥, 은행
노란색	달걀노른자, 황화채
흰색	달걀흰자, 흰깨, 밤, 잣, 호두, 흑임자
검은색	석이버섯, 표고버섯

5 한국음식의 그릇

주발	유기나 사기, 은기로 된 밥그릇, 주로 남성용
바리	유기로 된 여성용 밥그릇
탕기	국을 담는 그릇
대접	숭늉이나 면, 국수를 담는 그릇
조치보	찌개를 담는 그릇
보시기	김치를 담는 그릇
쟁첩	전, 구이, 나물, 장아찌 등 대부분의 찬을 담는 그릇
종자	간장, 초장, 초고추장 등의 장류와 꿀을 담는 그릇

1 한식 밥 조리

(1) 밥 짓기

① 쌀 씻기(수세) : 쌀을 너무 문질러 씻으면 비타민 B_1 등 수용성 비타민의 손실 큼

② 쌀 불리기(수침)

③ 물 붓기

구분	쌀 중량(무게)에 대한 물의 양	물 용량(부피)에 대한 물의 양
백미	1.4~1.5배	1.2배

④ 뜸들이기 : 15분 정도의 뜸을 들이는 시간일 때 밥 냄새와 향미가 가장 좋음

(2) 밥맛에 영향을 주는 요인

① 밥물 : pH 7~8

② 소금 첨가 : 0.02~0.03%

③ 쌀의 저장기간 : 짧을수록(햅쌀 〉 묵은쌀)

④ 밥 짓는 도구 : 재질이 두껍고 무거운 무쇠나 곱돌로 만든 것

⑤ 밥 짓는 열원 : 가스, 전기, 장작, 연탄 등이 있으나 장작불로 만든 것

⑥ 취반한 밥의 수분함량(60~65%)

2 한식 죽 조리

(1) 죽 조리 방법

① 주재료인 곡물을 미리 물에 담가서 충분히 수분을 흡수

② 일반적인 죽의 물 분량은 쌀 용량의 5~6배 정도가 적당

③ 죽에 넣을 물을 계량하여 처음부터 전부 넣어서 끓임

④ 죽을 쑤는 냄비나 솥은 두꺼운 재질의 것이 좋음

⑤ 죽을 쑤는 동안에 너무 자주 젓지 않도록 하며, 반드시 나무주걱으로 저음

⑥ 처음에는 강한 화력으로 신속가열하고 끓은 후 약한 불로 서서히 오래 끓임

TIP 밥과 죽의 큰 차이

물의 함량

3 한식 국·탕 조리

(1) 국물의 기본

쌀 씻은 물	• 쌀을 처음 씻은 물은 버리고 2~3번째 씻은 물 이용 • 쌀의 전분성의 농도가 국물에 진한맛과 부드러움을 줌
멸치 또는 조개 국물	• 멸치는 머리와 내장 제거(육수 쓴 맛) 후 냄비에 볶고(비린내 제거) 그대로 찬물을 부어 끓임 • 국물을 내는 조개는 모시조개, 바지락 크기가 적당
다시마 육수	• 두껍고 검은빛을 띠는 것이 좋음 • 물에 담가 두거나 끓여서 우려내어 사용
소고기 육수	• 국이나 전골을 끓일 때에는 소고기 물에 담가 핏물 제거 후 사용 : 사태, 양지머리
사골 육수	• 쇠뼈 사용 시 단백질 성분인 콜라겐이 많은 사골 선택하고 찬물에서 1~2시간 정도 담가 핏물 제거

4 한식 찌개 조리

(1) 찌개의 특징

① 조치라고 함

② 국보다 국물이 적고 건더기가 많음 음식

③ 맑은 찌개류와 탁한 찌개류로 구분

(2) 끓이기의 장점

① 영양소 손실이 적음

② 조직의 연화

③ 전분의 호화

④ 단백질의 응고

⑤ 콜라겐의 젤라틴화

⑥ 소화흡수를 도움

(3) 찌개의 개념

① 지짐 : 국물을 많이 하는 것

② 감정 : 고추장으로 조미한 찌개

5 한식 전·적 조리

(1) 전을 반죽할 때 재료 선택 방법

① 밀가루, 멥쌀가루, 찹쌀가루 사용 : 반죽이 너무 묽어서 전의 모양이 형성되지 않고 뒤집을 때 어려움이 있을 때

② 달걀흰자, 전분 사용 : 전을 도톰하게 만들 때, 딱딱하지 않고 부드럽게 하고자 할 경우, 흰색을 유지하고자 할 때

③ 달걀과 밀가루, 멥쌀가루, 찹쌀가루를 혼합하여 사용 : 전의 모양을 형성하기도 하고 점성을 높이고자 할 때

④ 속재료를 더 넣어야 하는 경우 : 전이 넓게 처지게 될 때

(2) 적의 특징과 종류

구분	내용
산적	날 재료를 양념하여 꼬챙이에 꿰어 굽거나, 살코기 편이나 섭산적처럼 다진 고기를 반대기 지어 석쇠로 굽는 것 예 소고기산적, 섭산적, 장산적, 닭산적, 생치산적, 어산적, 해물산적, 두릅산적, 떡산적
누름적	재료를 꿰어서 굽지 않고 밀가루, 달걀 물을 입혀 번철에 지져 익히는 것 예 김치적, 두릅적, 잡누름적, 지짐누름적
	재료를 썰어서 번철에서 기름을 누르고 익혀 꿴 것을 의미하는데 언제, 어떻게 해서 쓰여졌는지 확실한 근거는 규명이 안 됨 예 화양적

6 한식 생채 · 회 조리

(1) 생채 · 회 · 숙회의 정의

구분	정의
생채	익히지 않고 날로 무친 나물
회	육류, 어패류, 채소류를 썰어서 날로 초간장, 소금, 기름 등에 찍어 먹는 조리법
숙회	육류, 어패류, 채소류를 끓는 물에 삶거나 데쳐서 익힌 후 썰어서 초고추장이나 겨자즙 등을 찍어 먹는 조리법

(2) 생채의 특징

① 자연의 색, 향, 맛을 그대로 느낄 수 있음

② 씹을 때의 아삭아삭한 촉감과 신선한 맛을 느끼게 됨

③ 가열조리 한 것에 비해 영양소의 손실이 적고 비타민 풍부

7 한식 조림 · 초 조리

(1) 조림의 특징

① 고기, 생선, 감자, 두부 등을 간장으로 조린 식품

② 궁중에서 '조리니', '조리개' 라 부름

③ 재료를 큼직하게 썬 다음 간을 하고 처음에는 센불에서 가열하다가 중불에서 은근히 속까지 간이 배도록 조리고 약불에서 오래 익히는 방법

④ 식품이 부드러워지고 양념과 맛 성분이 배어드는 조리법

⑤ 생선조림을 할 때는 흰 살 생선은 간장을 주로 사용, 붉은 살 생선이나 비린내가 나는 생선은 고춧가루나 고추장을 넣어 조림

(2) 초의 특징

① 전복초, 홍합초, 삼합초, 해삼초 등과 같이 주재료에 따라 명칭이 다름

② 습열조리법

8 한식 구이 조리

(1) 구이 조리

① 건열조리법

② 육류, 가금류, 어패류, 채소류 등의 재료를 그대로 또는 소금이나 양념을 하여 불에 직접 굽거나 철판 및 도구를 이용하여 구워 익힌 음식

③ 가장 오래된 조리법

(2) 구이의 종류

방자구이	소고기의 소금을 말하며 춘향전에 방자가 고기를 양념할 겨를로 없이 얼른 구워먹었다는데서 유래
너비아니 구이	흔히 불고기라고 하며 궁중음식으로 소고기를 저며서 양념장에 재어 두었다가 구운 음식
장포육	소고기를 도톰하게 저며서 두들겨 부드럽게 한 후 양념하여 굽고 또 반복해서 구운 포육

9 한식 숙채 조리

① 숙채의 정의 : 물에 데치거나 기름에 볶는 나물

② 숙채 조리법의 특징

끓이기와 삶기 (습열조리)	• 많은 양의 물에 식품을 넣고 가열하여 익히며 조리 시간이 길고 고루 익혀야 함
데치기 (습열조리)	• 끓는 물에 데치는 녹색 채소는 선명한 푸른색을 띠어야 하고 비타민 C의 손실이 적어야 함 • 채소를 데친 후 찬물에 담가두어 온도를 급격히 저하시키는 것이 비타민 C 보호에 좋음
찌기 (습열조리)	• 가열된 수증기로 식품을 익히며 식품 모양이 그대로 유지 • 끓이거나 삶기보다 수용성 영양소의 손실이 적음 • 녹색 채소 조리법으로 부적당
볶기 (건열조리)	• 냄비나 프라이팬에 기름을 두르고 식품이 타지 않게 뒤적이며 조리 • 재료를 잘게 또는 가늘게 썰어 센 불에서 조리 • 지용성 비타민의 흡수를 돕고 수용성 영양소의 손실이 적음

10 한식 볶음 조리

(1) 볶음 조리의 특징

① 볶음은 소량의 지방을 이용해 뜨거운 팬에서 음식을 익히는 방법

② 팬을 달군 후 소량의 기름을 넣어 높은 온도에서 단기간에 볶아 익혀야 원하는 질감, 색과 향을 얻을 수 있음

③ 낮은 온도에서 볶으면 많은 기름이 재료에 흡수되어 좋지 않음

11 한식 김치 조리

(1) 김치의 효능

① 항균작용

② 중화작용

③ 다이어트 효과

④ 항암작용

⑤ 항산화·항노화 작용

⑥ 동맥경화·혈전증 예방작용

(2) 김치의 산패원인

① 초기 김치 주재료 및 부재료가 청결하지 못한 경우

② 김치의 저장온도가 높거나 소금 농도가 낮은 경우

③ 김치 발효

(3) 김치조직의 연부현상(물러짐)이 일어나는 이유

① 조직을 구성하고 있는 펙틴질이 분해되기 때문에

② 미생물이 펙틴분해효소를 생성하기 때문에

③ 용기에 꼭 눌러 담지 않아 내부에 공기가 존재하여 호기성 미생물이 성장번식하기 때문에

④ 김치 숙성의 적기가 경과되었기 때문에

한식조리기능사 문제풀이

양식조리기능사 문제풀이(조리공통)

한식조리기능사 문제풀이

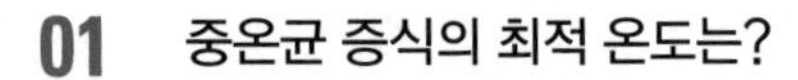

01 중온균 증식의 최적 온도는?

① 10~12℃
② 25~37℃
③ 55~60℃
④ 65~75℃

강의 노트

중온균 → 질병을 일으키는 병원균 → 여름철 온도

02 우유의 살균처리방법 중 다음과 같은 살균처리는?

71.1~75℃로 15~30초간 가열처리하는 방법

① 저온살균법
② 초저온살균법
③ 고온단시간살균법
④ 초고온살균법

우유 : 고온단시간살균법, 저온살균법, 초고온순간살균법

- 저온살균법 : 61~65℃, 30분간
- 고온단시간살균법 : 71.1~75℃, 15~30초
- 초고온순간살균법 : 130~140℃, 1~2초(5초 이하)

03 기생충과 중간숙주와의 연결이 틀린 것은?

① 간흡충 – 쇠우렁이, 참붕어
② 요꼬가와흡충 – 다슬기, 은어
③ 폐흡충 – 다슬기, 게
④ 광절열두조충 – 돼지고기, 소고기

어패류(중간숙주 2개)
간 왜 어
요 다 어
폐 다 게
광 물 어
육류(중간숙주 1개)
무 쏘
톡소는 고양이

04 다음 중 아포를 형성하는 균까지 사멸하는 소독 방법은?

① 자비소독법
② 저온소독법
③ 고압증기멸균법
④ 희석법

아포를 형성하는 균까지 사멸 = 멸균
→ 고압증기멸균법 or 간헐멸균법

05 통조림, 병조림과 같은 밀봉 식품의 부패가 원인이 되는 식중독과 가장 관계 깊은 것은?

① 살모넬라 식중독
② 클로스트리디움 보툴리눔 식중독
③ 포도상구균 식중독
④ 리스테리아균 식중독

06 통조림 식품의 통조림 관에서 유래될 수 있는 식중독 원인물질은?

① 카드뮴
② 주석
③ 페놀
④ 수은

07 다음 중 영업허가를 받아야 할 업종이 아닌 것은?

① 단란주점영업
② 유흥주점영업
③ 식품제조 · 가공업
④ 식품조사처리업

08 식품위생법상의 용어의 정의에 대한 설명 중 틀린 것은?

① 집단급식소라 함은 영리를 목적으로 하는 급식시설을 말한다.
② 식품이라 함은 의약으로 섭취하는 것을 제외한 모든 음식물을 말한다.
③ 식품첨가물이라 함은 식품을 제조하는 과정에서 감미 등을 목적으로 식품에 사용되는 물질을 말한다.
④ 용기 · 포장이라 함은 식품을 넣거나 싸는 것으로서 식품을 주고받을 때 함께 건네는 물품을 말한다.

통조림 – 클로스트리디움 보툴리눔 – 주석

영업신고 × – 도정업
영업신고 – 영업허가 제외 나머지 것들(휴게음식점업, 일반음식점업)
영업허가 – 단란주점영업, 유흥주점영업, 식품조사처리업
딱 세 개!

집단급식소 시험에 잘 나옴!
• 영리목적 ×
• 특정다수
• 1회 50인 ↑

09 다음 중 소분·판매할 수 있는 식품은?

① 벌꿀제품
② 어육제품
③ 과당
④ 레토르트 식품

10 아래는 식품위생법상 교육에 관한 내용이다. ( ) 안에 알맞은 것을 순서대로 나열하면?

> ( )은 식품위생 수준 및 자질의 향상을 위하여 필요한 경우 조리사와 영양사에게 교육을 받을 것을 명할 수 있다. 다만, 집단급식소에 종사하는 조리사와 영양사는 ( ) 마다 교육을 받아야 한다.

① 식품의약품안전처장, 1년
② 식품의약품안전처장, 2년
③ 보건복지부장관, 1년
④ 보건복지부장관, 2년

11 식품위생법규상 허위표시, 과대광고의 범위에 속하지 않는 것은?

① 질병의 치료에 효능이 있다는 내용의 표시·광고
② 제품의 성분과 다른 내용의 표시·광고
③ 공인된 제조방법에 대한 내용
④ 외국어의 사용 등으로 외국제품으로 혼동할 우려가 있는 표시·광고

12 곰팡이 중독증의 예방법으로 틀린 것은?

① 곡류 발효식품을 많이 섭취한다.
② 농수축산물의 수입 시 검역을 철저히 행한다.
③ 식품 가공 시 곰팡이가 피지 않은 원료를 사용한다.
④ 음식품은 습기가 차지 않고 서늘한 곳에 밀봉해서 보관한다.

문제가 똑같게 잘 나옴!
벌꿀식품, 빵가루

변형되는 경우 거의 없음!
※필독 : 법령 개정으로 조리사와 영양사의 교육 2년 → 1년 변경

공인 → 허위표시, 과대광고 ×

곰팡이 – 건조식품 – 곡류

13 다음 중 화학적 식중독의 원인이 아닌 것은?

① 설사성 패류 중독

② 환경오염에 기인하는 식품 유독 성분

③ 중금속에 의한 중독

④ 유해성 식품첨가물에 의한 중독

14 덜 익은 매실, 살구씨, 복숭아씨 등에 들어있으며, 인체의 장 내에서 청산을 생산하는 것은?

① 솔라닌

② 고시폴

③ 시큐톡신

④ 아미그달린

15 바이러스의 감염에 의하여 일어나는 감염병은?

① 폴리오

② 세균성 이질

③ 장티푸스

④ 파라티푸스

16 병원체를 보유하였으나 임상증상은 없으면서 병원체를 배출하는 자는?

① 환자

② 보균자

③ 무증상감염자

④ 불현성감염자

강의 노트

화학적 식중독 – 유해물질, 중금속, 농약

설사성 패류 중독 – 장염, 비브리오

자연독 식중독 매번 시험에 나옴!

복 테

첫날밤 색시는 섭섭했다

모시는 베로 만든다

독 무대

독가 시

피 리

연 고전

심청 아

세균 : 콜레라, 장티푸스, 파라티푸스, 세균성 이질

바이러스 : 폴리오, 유행성이하선염, 홍역, 인플루엔자, 일본뇌염, 광견병(공수병)

17 다음 중 잠복기가 가장 긴 감염병은?

① 한센병
② 파라티푸스
③ 콜레라
④ 디프테리아

잠복기가 가장 길다
한센병 or 결핵

18 인수공통감염병으로 그 병원체가 바이러스(virus)인 것은?

① 발진열
② 탄저
③ 광견병
④ 결핵

탄저, 결핵 : 세균, 소
발진열 : 리케차, 쥐
광견병 : 바이러스, 경피감염

19 모체로부터 태반이나 수유를 통해 얻어지는 면역은?

① 자연능동면역
② 인공능동면역
③ 자연수동면역
④ 인공수동면역

인공–자연 : 주사를 맞냐 안맞냐
이 두 개가 중요!
자연수동면역 : 수유
인공능동면역 : 예방접종

20 개인 위생관리에 대한 설명으로 바르지 않은 것은?

① 진한 화장이나 향수는 쓰지 않는다.
② 조리시간의 정확한 확인을 위해 손목시계 착용은 가능하다.
③ 손에 상처가 있으면 밴드를 붙인다.
④ 근무 중에는 반드시 위생모를 착용한다.

몸에 무언가 부착되어 있는 게 아무것도 없는 거 → 개인 위생관리

21 다음의 정의에 해당하는 것은?

> 식품의 원료관리, 제조·조리·유통의 모든 과정에서 위해한 물질이 식품에 섞이거나 식품이 오염되는 것을 방지하기 위하여 각 과정을 중점적으로 관리하는 기준

① 식품안전관리인증기준(HACCP)
② 식품 Recall 제도
③ 식품 CODEX 기준
④ ISO 인증제도

22 미생물에 대한 살균력이 가장 큰 것은?

① 적외선
② 가시광선
③ 자외선
④ 라디오파

23 다음 중 대기오염을 일으키는 요인으로 가장 영향력이 큰 것은?

① 고기압일 때
② 저기압일 때
③ 바람이 불 때
④ 기온역전일 때

24 안전교육의 목적으로 바르지 않은 것은?

① 인간생명의 존엄성을 인식시키는 것
② 안전한 생활을 영위할 수 있는 습관을 형성시키는 것
③ 상해, 사망 또는 재산 피해를 불러일으키는 불의의 사고를 완전히 제거하는 것
④ 개인과 집단의 안전성을 최고로 발달시키는 교육

강의 노트

이것도 문제는 똑같이 나옴!

일광
- 자외선 – 살균, 건강선, 피부암 ★★★ 제일 잘 나와!
- 가시광선
- 적외선 – 열선 ★

상부 〉 하부
스모그

완전히, 반드시, 모두 → 오답 확률 ↑

25 자유수의 성질에 대한 설명으로 틀린 것은?

① 수용성 물질의 용매로 사용된다.
② 미생물 번식과 성장에 이용되지 못한다.
③ 비중은 4℃에서 최고이다.
④ 건조로 쉽게 제거 가능하다.

자유수 : 모두 ○
결합수 : 모두 ×

26 탄수화물의 구성요소가 아닌 것은?

① 탄소
② 질소
③ 산소
④ 수소

C H O → 탄수화물
C H O N → 단백질

27 근육의 주성분이자 육류, 생선류, 알류 및 콩류에 함유된 주된 영양소는?

① 단백질
② 탄수화물
③ 지방
④ 비타민

단백질 – 육류, 생선류, 알류, 콩류
탄수화물 – 곡류
지방 – 유지
비타민 – 채소

28 다음 중 어떤 무기질이 결핍되면 갑상선종이 발생될 수 있는가?

① 칼슘(Ca)
② 요오드(I)
③ 인(P)
④ 마그네슘(Mg)

갑상선 → 요오드

29 알칼리성 식품에 대한 설명 중 옳은 것은?

① Na, K, Ca, Mg이 많이 함유되어 있는 식품

② S, P, Cl이 많이 함유되어 있는 식품

③ 당질, 지질, 단백질 등이 많이 함유되어 있는 식품

④ 곡류, 육류, 치즈 등의 식품

강의 노트

- 알칼리 : 과일, 채소
- 산성 : 육류, 알류, 곡류

CSI P → Cl, S, P

외울 것이 적은 산성을 외워서 나머지는 알칼리라고 생각하자!

30 탄수화물 대사 조효소로 작용하는 것은?

① 비타민 B_1(티아민)

② 비타민 A(레티놀)

③ 비타민 D(칼시페롤)

④ 비타민 C(아스코르브산)

- 비타민 B_1 : 탄수화물 대사 조효소, 쌀을 씻을 때 가장 많이 파괴, 각기병
- 비타민 A : 야맹증, 눈, 카로틴
- 비타민 D : 햇빛, 구루병, 자외선
- 비타민 C : 괴혈병, 항산화제, 조리 시 가장 많이 파괴

31 클로로필에 대한 설명으로 틀린 것은?

① 산을 가해주면 페오피틴이 생긴다.

② 클로로필라이즈가 작용하면 클로로필라이드가 된다.

③ 수용성 색소이다.

④ 엽록체 안에 들어있다.

클로로필 = 엽록소 → 물에 녹지 않는다!

- 산성 : 페오피틴, 녹황색
- 중성 : 녹색
- 알칼리성 : 클로로필린, 진한 녹색, 소다 첨가, 비타민 C 파괴, 조직 연화

32 다음 자료에 의해서 총원가를 산출하면 얼마인가?

• 직접재료비	150,000원
• 간접재료비	50,000원
• 직접노무비	100,000원
• 간접노무비	20,000원
• 직접경비	5,000원
• 간접경비	100,000원
• 판매 및 일반관리비	10,000원

① 435,000원 ② 365,000원

③ 265,000원 ④ 180,000원

총원가 자주 출제!

- 원가의 3요소 : 재료비, 노무비, 경비
- 총원가 = 직접원가 + 간접원가(제조간접비) + 판매관리비
  = (직접재료비+직접노무비+직접경비) + (간접재료비+간접노무비+간접경비) + 판매관리비
- 제조원가 = 직접원가 + 간접원가

잘 모르겠으면 몽땅 다 더하자!

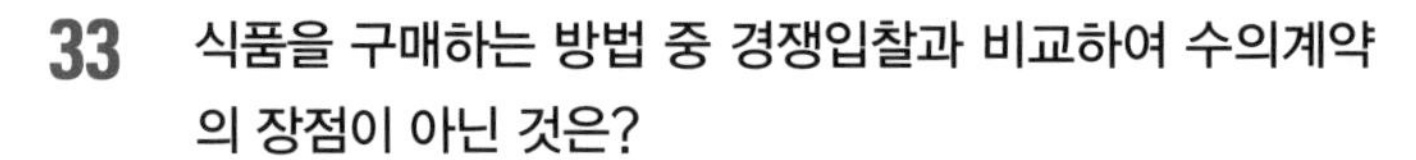

33 식품을 구매하는 방법 중 경쟁입찰과 비교하여 수의계약의 장점이 아닌 것은?

① 절차가 간편하다.

② 경쟁이나 입찰이 필요 없다.

③ 싼 가격으로 구매할 수 있다.

④ 경비와 인원을 줄일 수 있다.

- 수의계약 - 1:1 계약, 상하기 쉬운 것(채소, 과일)
- 경쟁입찰 - 1:多 경쟁, 보관기간이 긴 것(곡류)

34 다음은 간장의 재고 대상이다. 간장의 재고가 10병일 때 선입선출법에 의한 간장의 재고자산은 얼마인가?

입고일자	수량	단가
5일	5병	3,500원
12일	10병	3,500원
20일	7병	3,000원
27일	5병	3,500원

① 30,000원　② 31,500원

③ 32,500원　④ 35,000원

선입선출법 - 먼저 들어온 걸 먼저 쓰는 것

반드시 맞아야 하는 문제!

35 매월 고정적으로 포함해야 하는 경비는?

① 지급운임

② 감가상각비

③ 복리후생비

④ 수당

고정적 → 고정비

고정비는 무조건 감가상각비!

고정비 : 임대료, 급료, 감가상각비, 보험료 등

36 전자레인지를 이용한 조리에 대한 설명으로 틀린 것은?

① 음식의 크기와 개수에 따라 조리시간이 결정된다.

② 조리시간이 짧아 갈변현상이 거의 일어나지 않는다.

③ 범랑제, 금속제 용기 등을 사용할 수 있다.

④ 열전달이 신속하므로 조리시간이 단축된다.

37 쌀 전분을 빨리 α화 하려고 할 때 조치사항은?

① 아밀로펙틴 함량이 많은 전분을 사용한다.

② 수침시간을 짧게 한다.

③ 가열온도를 높인다.

④ 산성의 물을 사용한다.

α화 = 호화
물, 열이 무조건 필요함

38 서류에 대한 설명으로 알맞은 것은?

① 감자는 껍질에 영양가가 없어 벗겨서 사용한다.

② 고구마는 가열하면 β-amylase가 활성화되어 단맛이 감소한다.

③ 토란은 아린 맛이 있어 물에 담가 제거 후 사용한다.

④ 모든 서류는 반드시 익혀 먹어야 한다.

- 감자의 껍질에는 비타민 C 풍부
- 고구마는 가열하면 단맛 증가
- 마는 생식으로 먹을 수도 있음

39 대표적인 콩 단백질인 글로불린(globulin)이 가장 많이 함유하고 있는 성분은?

① 글리시닌(glicinin)

② 알부민(albumin)

③ 글루텐(gluten)

④ 제인(zein)

잘 나오는 문제!
글리시닌 – 콩 단백질

40 채소의 조리가공 중 비타민 C의 손실에 대한 설명으로 옳은 것은?

① 시금치를 데치는 시간이 길수록 비타민 C의 손실이 적다.

② 당근을 데칠 때 크기를 작게 할수록 비타민 C의 손실이 적다.

③ 무채를 곱게 썰어 공기 중에 장시간 방치하여도 비타민 C의 손실에는 영향이 없다.

④ 동결처리한 시금치는 낮은 온도에 저장할수록 비타민 C의 손실이 적다.

41 생선의 비린내를 억제하는 방법으로 부적합한 것은?

① 물로 깨끗이 씻어 수용성 냄새 성분을 제거한다.

② 처음부터 뚜껑을 닫고 끓여 생선을 완전히 응고시킨다.

③ 조리 전에 우유에 담가 둔다.

④ 생선 단백질이 응고된 후 생강을 넣는다.

강의 노트

- 트리메틸아민 – 비린내 성분, 수용성, 휘발성
- 우유 – 비린내 성분 흡착
- 레몬즙, 식초 첨가
- 향신료 넣기
- 생강은 요리할 때 마지막에 넣는다 ★

42 유지의 산패에 영향을 미치는 인자와 거리가 먼 것은?

① 온도

② 광선

③ 수분

④ 기압

온도, 광선, 수분, 금속, 미생물
보기에 기압이 나오면 대부분 아님

43 우뭇가사리를 주원료로 이들 점액을 얻어 굳힌 해조류 가공제품은?

① 젤라틴

② 곤약

③ 한천

④ 키틴

- 한천 : 양갱, 우뭇가사리
- 젤라틴 : 족편, 콜라겐

44 홍조류에 속하며 무기질이 골고루 함유되어 있고 단백질도 많이 함유된 해조류는?

① 김

② 미역

③ 파래

④ 다시마

해조류
- 홍조류 – 김, 우뭇가사리
- 갈조류 – 미역, 다시마
- 녹조류 – 파래, 매생이

45 **계량컵을 사용하여 밀가루를 계량할 때 가장 올바른 방법은?**

① 체로 쳐서 가만히 수북하게 담아 주걱으로 깎아서 측정한다.

② 계량컵에 그대로 담아 주걱으로 깎아서 측정한다.

③ 계량컵에 꾹꾹 눌러 담은 후 주걱으로 깎아서 측정한다.

④ 계량컵을 가볍게 흔들어 주면서 담은 후 주걱을 깎아서 측정한다.

46 **편육을 할 때 가장 적합한 삶기 방법은?**

① 끓는 물에 고기를 덩어리째 넣고 삶는다.

② 끓는 물에 고기를 잘게 썰어 넣고 삶는다.

③ 찬물에서부터 고기를 넣고 삶는다.

④ 찬물에서부터 고기와 생강을 넣고 삶는다.

47 **다음 중 단체급식 조리장을 신축할 때 우선적으로 고려할 사항 순으로 배열된 것은?**

가. 위생	나. 경제	다. 능률

① 다 → 나 → 가

② 나 → 가 → 다

③ 가 → 다 → 나

④ 나 → 다 → 가

48 **쌀을 지나치게 문질러서 씻을 때 가장 손실이 큰 비타민은?**

① 비타민 A

② 비타민 B_1

③ 비타민 D

④ 비타민 E

시험에 자주 나옴! 밀가루 혹은 마가린

- 밀가루 – 체로 쳐서 가만히 수북하게 담아 주걱으로 깎아서 측정
- 유지 – 상온에 둬서 부드럽게 만든 다음 꾹꾹 눌러 담아 주걱으로 깎아서 측정

고기 – 끓는 물

vs

국물(육수) – 찬물

주방을 하려면 위생적이고 능률적이어야 하는데 그러면 경제적이겠죠?

이렇게 생각을..!

비타민 E : 항산화제, 산화방지제, 노화방지

49 육류의 사후강직의 원인 물질은?

① 액토미오신(actomyosin)

② 젤라틴(gelatin)

③ 엘라스틴(elastin)

④ 콜라겐(collagen)

50 우유의 균질화(homogenization)에 대한 설명이 아닌 것은?

① 지방구 크기를 0.1~2.2㎛ 정도로 균일하게 만들 수 있다.

② 탈지유를 첨가하여 지방의 함량을 맞춘다.

③ 큰 지방구의 크림층 형성을 방지한다.

④ 지방의 소화를 용이하게 한다.

51 한국음식의 특징으로 바르지 않은 것은?

① 주식과 부식의 구분이 뚜렷하지 않다.

② 농경민족으로 곡물 음식이 발달하였다.

③ 음식에 있어서 약식동원의 사상을 중시한다.

④ 일상식과 의례음식의 구분이 있다.

52 고명의 색에 따른 식품의 연결이 바르지 않은 것은?

① 붉은색 – 건고추, 대추, 밤

② 초록색 – 미나리, 실파, 쑥

③ 노란색 – 달걀노른자, 황화채

④ 검은색 – 석이버섯, 소고기, 표고버섯

사후강직 → 액토미오신

주식과 부식의 구분이 뚜렷하다.
밥과 국, 반찬의 구분을 생각

흰색 – 잣, 밤, 호두
보이는 색깔로 문제를 풀면 되지만 기억해야 하는 것

- 밤 : 껍질은 붉지만, 먹을 때는 껍질을 까서 먹어서 흰색
- 은행 : 껍질을 벗기면 초록색

53 간장, 초장, 초고추장을 담는 그릇은 무엇인가?

① 바리
② 대접
③ 종지
④ 옴파리

강의 노트

- 바리 – 여성용 그릇
- 옴파리 – 바리보다 깊이 파여있는 여성용 그릇
- 대접 – 숭늉, 국수를 담는 그릇
- 주발 – 남성용 그릇
- 쟁첩 – 반찬 그릇
- 보시기 – 김치 그릇
- 조치보 – 찌개 그릇

54 국·탕 조리에 사용하는 다시마 표면의 흰가루 성분은?

① 만니톨
② 알긴산
③ 글루탐산나트륨
④ 호박산

- 만니톨 – 흰가루
- 알긴산 – 잘랐을 때의 점액질
- 글루탐산나트륨 – 조미료, 다시마 맛성분
- 호박산 – 조미료, 조개류 맛성분

55 한식의 전통음식 중 월과채가 해당하는 한식 조리법은?

① 생채
② 숙채
③ 조림
④ 찌개

월과채 – 잡채의 일종
월과 : 호박
호박과 찹쌀부꾸미를 섞어서 만드는 것
숙채 : 물에 데치거나 볶아서, 익혀서 먹는 것

56 숙채에 사용되는 양념이 아닌 것은?

① 참기름
② 소금
③ 간장
④ 와사비

와사비 : 일식

57 **모든 칼질의 기본 칼질법으로 피로도와 소리가 가장 작은 칼질법은?**

① 밀어썰기

② 작두썰기

③ 칼끝 대고 밀어썰기

④ 당겨썰기

58 **콩나물의 가장 맛있는 길이는?**

① 7~8cm

② 10~15cm

③ 15~20cm

④ 30cm 이상

59 **볶음 조리할 때의 특징으로 틀린 것은?**

① 볶음 팬은 얇은 것보다 두꺼운 것이 좋다.

② 높은 온도에서 볶으면 많은 기름이 재료에 흡수되어 낮은 온도로 조리한다.

③ 볶음은 소량의 기름을 이용해 조리한다.

④ 팬을 달군 후 높은 온도에서 단시간 볶아야 원하는 질감을 얻을 수 있다.

볶음 조리 : 높은 온도, 소량 기름, 단시간

60 **고추장으로 조미한 찌개를 무엇이라 하는가?**

① 지짐

② 감정

③ 응이

④ 조치

- 고추장으로 조미한 찌개 : 감정
- 일반적인 찌개 : 조치

조림 〈 지짐 〈 찌개

응이 : 죽의 일종

양식조리기능사 문제풀이(조리공통)

01 식품위생의 목적이 아닌 것은?

① 위생상의 위해방지

② 식품 영양의 질적 향상 도모

③ 국민보건의 증진

④ 식품산업의 발전

나쁜 걸 안 먹고 좋은 걸 먹었더니 몸이 건강해졌다

02 다음 중 건조식품, 곡류 등에 가장 잘 번식하는 미생물은?

① 효모

② 세균

③ 곰팡이

④ 바이러스

건조식품, 곡류 → 곰팡이

곰팡이 – 수분 싫어함 – 13% 이하 억제 – 미생물 중 크기가 가장 큼

★Aw : 곰팡이 〈 효모 〈 세균

바이러스 – 미생물 중 크기가 가장 작음

03 다음 기생충 중 주로 채소를 통해 감염되는 것으로만 짝지어진 것은?

① 회충, 민촌충

② 회충, 편충

③ 촌충, 광절열두조충

④ 십이지장충, 간흡충

채소를 통해 감염되는 기생충(중간숙주 x) → 두 글자

회충, 편충, 요충, 구충, 동양모양선충

요충 – 항문

구충(십이지장충) – 경피감염

회충 – 분변

04 간디스토마는 제2중간숙주인 민물고기 내에서 어떤 형태로 존재하다가 인체에 감염을 일으키는가?

① 피낭유충

② 레디아

③ 유모유충

④ 포자유충

05 공중보건에 대한 설명으로 틀린 것은?

① 목적은 질병예방, 수명연장, 정신적·신체적 효율의 증진이다.

② 공중보건의 최소단위는 지역사회이다.

③ 환경위생 향상, 감염병 관리 등이 포함된다.

④ 주요 사업대상은 개인의 질병치료이다.

06 감각온도의 3요소에 속하지 않는 것은?

① 기온 ② 기습

③ 기류 ④ 기압

07 HACCP의 7가지 원칙에 해당하지 않는 것은?

① 위해요소분석

② 중요관리점(CCP) 결정

③ 개선조치방법 수립

④ 회수명령의 기준 설정

08 다음 중 세균성 식중독에 해당하는 것은?

① 감염형 식중독

② 자연독 식중독

③ 화학적 식중독

④ 곰팡이독 식중독

치료 ×

공중보건의 최소단위 : 지역사회(개인×)

감각온도(체감온도)

아닌 건 거의 기압!

온열의 4요소 : 기온, 기습, 기류, 복사열

12절차 = 5단계(계획) + 7원칙(실행)

12절차의 처음 : 팀 구성

HA(위해요소)+CCP(중요관리점)

7원칙

1. 위해요소분석
2. 중요관리점 결정
3. CCP 한계
4. 모니터링

세균성 식중독(여름, 급성 위장염)

감염형 : 60℃, 30분 이상 가열시 예방

- ★★살모넬라 : 쥐, 파리, 바퀴–육류–방충, 방서–발열
- ★장염비브리오 : 여름철, 어패류 생식, 가열
- 병원성 대장균 : 분변, O–157

독소형

- 포도상구균 : 엔테로톡신, 장독소, 화농성, 열에 의해서 가장 파괴가 안 되는 것, 잠복기 가장 짧음(3시간)
- 클로스트리디움 보툴리늄 : 뉴로톡신, 신경독, 잠복기가 가장 긺, 통조림, 병조림, 밀폐식품, 치사율이 높음

09 식사 후 식중독이 발생했다면 평균적으로 가장 빨리 식중독을 유발시킬 수 있는 원인균은?

① 살모넬라균
② 리스테리아
③ 포도상구균
④ 장구균

10 밀폐된 포장식품 중에서 식중독이 발생했다면 주로 어떤 균에 의해서인가?

① 살모넬라균
② 대장균
③ 아리조나균
④ 클로스트리디움 보툴리늄

11 은행, 살구씨 등의 함유된 물질로 청산 중독을 유발할 수 있는 것은?

① 리신
② 솔라닌
③ 아미그달린
④ 고시폴

12 1960년 영국에서 10만 마리의 칠면조가 간장 장해를 일으켜 대량 폐사한 사고가 발생하여 원인을 조사한 결과 땅콩박에서 ASPERGILLUS FLAVUS가 번식하여 생성한 독소가 원인 물질로 밝혀진 곰팡이 독소 물질은?

① 오크라톡신 ② 에르고톡신
③ 아플라톡신 ④ 루브라톡신

청산배당체 → 아미그달린 : 은행, 살구씨, 덜 익은 매실

복테

첫날밤 색시는 섭섭했다

모시는 베로 만든다

독무대

독가시

피리

심청아

면고전

감자-솔라닌

부패한 감자-셉신

곰팡이 식중독

- 황변미 : 페니실리움속, 시트리닌, 신장독
- 맥각 : 에르고톡신, 간장독
- 아플라톡신 : 아스퍼질러스, 간장독

13 다음 중 음료수 소독에 가장 적합한 것은?

① 생석회

② 알코올

③ 염소

④ 승홍

석탄산 : 소독지표
생석회
크레졸
– 하수도, 변소, 오물 소독 : 생일(생일, 크리스마스, 석가탄신일)
★승홍수 : 0.1%, 금속부식
역성비누 : 손소독
알코올 : 70%

14 쥐에 의하여 옮겨지는 감염병은?

① 유행성 이하선염

② 페스트

③ 파상풍

④ 일본뇌염

- 쥐 : 페스트, 발진열, 유행성출혈열
- 파리 : 콜레라, 장티푸스, 파라티푸스, 세균성이질

15 카드뮴 만성중독의 주요 3대 증상이 아닌 것은?

① 빈혈

② 폐기종

③ 신장 기능 장애

④ 단백뇨

카드뮴(Cd) : 이타이이타이병, 골연화증

16 감염경로와 질병과의 연결이 틀린 것은?

① 공기감염 – 공수병

② 비말감염 – 인플루엔자

③ 우유감염 – 결핵

④ 음식물감염 – 폴리오

공수병 = 광견병 : 바이러스, 경피감염

17 식품첨가물 중 보존료의 목적을 가장 잘 표현한 것은?

① 산도 조절
② 미생물에 의한 부패 방지
③ 산화에 의한 변패 방지
④ 가공과정에서 파괴되는 영양소 보충

보존료 = 방부제

18 햄 등 육제품의 붉은색을 유지하기 위해 사용하는 첨가물은?

① 스테비오사이드
② D-소르비톨
③ 아질산나트륨
④ 아우라민

발색제 : 고유색을 더 돋보이게 만듦
vs
착색제 : 원래 색을 다르게 만듦

★육류에 사용하는 발색제 : 아질산나트륨, 질산나트륨, 질산칼륨
감미료 : 스테비오사이드, D-소르비톨
유해 착색제 : 아우라민

19 잠복기가 하루에서 이틀 정도로 짧으며 쌀뜨물 같은 설사를 동반한 제2급감염병이며 검역감염병인 것은?

① 콜레라
② 파라티푸스
③ 장티푸스
④ 세균성이질

설사 - 콜레라

20 생균(live vaccine)을 사용하는 예방접종으로 면역이 되는 질병은?

① 파상풍
② 콜레라
③ 폴리오
④ 백일해

생균 예방접종 영구면역 : 폴리오, 결핵, 홍역, 유행성 이하선염, 광견병, 두창

21 식품 등을 제조·가공하는 영업자가 식품 등이 기준과 규격에 맞는지 자체적으로 검사하는 것을 일컫는 식품위생법상의 용어는?

① 제품검사

② 자가품질검사

③ 수거검사

④ 정밀검사

22 식품위생법상 명시된 영업의 종류에 포함되지 않는 것은?

① 식품조사처리업

② 식품접객업

③ 즉석판매제조·가공업

④ 먹는샘물제조업

23 식품위생법상 식품위생감시원의 직무가 아닌 것은?

① 영업소의 폐쇄를 위한 간판 제거 등의 조치

② 영업의 건전한 발전과 공동의 이익을 도모하는 조치

③ 영업자 및 종업원의 건강진단 및 위생교육의 이행 여부의 확인, 지도

④ 조리사 및 영양사의 법령 준수사항 이행 여부의 확인, 지도

식품위생감시원의 직무
확인, 지도, 수거
교육 ×

24 작업장에서 안전사고가 발생했을 때 가장 먼저 해야 하는 것은?

① 사고발생 관리자 보고

② 사고원인 물질 및 도구 회수

③ 역학조사

④ 모든 작업자 대피

25 다음 중 결합수의 특징이 아닌 것은?

① 용질에 대해 용매로 작용하지 않는다.

② 자유수보다 밀도가 크다.

③ 식품에서 미생물의 번식과 발아에 이용되지 못한다.

④ 대기 중에서 100℃로 가열하면 쉽게 수증기가 된다.

강의 노트

자유수 : 모두 ○

결합수 : 모두 ×

26 탄수화물의 분류 중 5탄당이 아닌 것은?

① 갈락토오스(galactose)

② 자일로오스(xylose)

③ 아라비노오스(arabinose)

④ 리보스(ribose)

단당류

- 5탄당 : 자일로오스, 아라비노오스, 리보스
- 6탄당 : 포도당, 과당, 갈락토오스 + 만노오스

27 다음 중 유도지질(derived lipids)은?

① 왁스

② 인지질

③ 지방산

④ 단백지질

유도지질 : 지방산, 콜레스테롤

28 식품의 단백질이 변성되었을 때 나타나는 현상이 아닌 것은?

① 소화효소의 작용을 받기 어려워진다.

② 용해도가 감소한다.

③ 점도가 증가한다.

④ 폴리펩티드 사슬이 풀어진다.

강의 노트

29 무기질만으로 짝지어진 것은?

① 지방, 나트륨, 비타민 A
② 칼슘, 인, 철
③ 지방산, 염소, 비타민 B
④ 아미노산, 요오드, 지방

30 카로틴은 동물 체내에서 어떤 비타민으로 변하는가?

① 비타민 D
② 비타민 B_1
③ 비타민 A
④ 비타민 C

31 아린맛은 어느 맛의 혼합인가?

① 신맛과 쓴맛
② 쓴맛과 단맛
③ 신맛과 떫은맛
④ 쓴맛과 떫은맛

아린맛 = 쓴맛 + 떫은맛
예) 토란, 우엉

32 시금치나물을 조리할 때 1인당 80g이 필요하다면, 식수 인원 1,500명에 적합한 시금치 발주량은?(단, 시금치 폐기율은 4%이다.)

① 100kg
② 110kg
③ 125kg
④ 132kg

발주량

$= \frac{100}{\text{가식부율}} \times \text{정미중량} \times \text{인원수}$

$= \frac{100}{100 - \text{폐기율}} \times \text{정미중량} \times \text{인원수}$

CBT 화면에 계산기 띄워서 풀어보기!

33 다음 중 조리를 하는 목적으로 적합하지 않은 것은?

① 소화흡수율을 높여 영양효과를 증진

② 식품 자체의 부족한 영양성분을 보충

③ 풍미, 외관을 향상시켜 기호성을 증진

④ 세균 등의 위해요소로부터 안전성 확보

조리를 통해 식품이 가진 영양소를 극대화할 순 있지만 없는 걸 추가할 수는 없음!

34 조리기구와 그 용도의 연결이 바르지 않은 것은?

① 베지터블 필러(vegetable peeler) : 야채류 껍질을 벗길 때

② 커터(cutter) : 멜론이나 수박 등의 모양을 원형의 형태로 만들 때

③ 콜랜더(colander) : 다량의 식재료의 물기를 제거할 때나 거를 때

④ 초퍼(chopper) : 고기나 야채 등의 식재료를 갈 때

스쿱 : 멜론이나 수박 등의 모양을 원형의 형태로 만들 때

35 조리작업장의 위치선정 조건으로 적합하지 않은 것은?

① 보온을 위해 지하인 곳

② 통풍이 잘 되며 밝고 청결한 곳

③ 음식의 운반과 배선이 편리한 곳

④ 재료의 반입과 오물의 반출이 쉬운 곳

36 냄새나 증기를 배출시키기 위한 환기시설은?

① 트랩

② 트렌치

③ 후드

④ 컨베이어

37 조리방법에 대한 설명으로 옳은 것은?

① 채소를 잘게 썰어 끓이면 빨리 익으므로 수용성 영양소의 손실이 적어진다.

② 전자레인지는 자외선에 의해 음식이 조리된다.

③ 콩나물국의 색을 맑게 만들기 위해 소금으로 간을 한다.

④ 푸른색을 최대한 유지하기 위해 소량의 물에 채소를 넣고 데친다.

38 호화와 노화에 대한 설명으로 옳은 것은?

① 쌀과 보리는 물이 없어도 호화가 잘 된다.

② 떡의 노화는 냉장고보다 냉동고에서 더 잘 일어난다.

③ 호화된 전분을 80℃ 이상에서 급속히 건조하면 노화가 촉진된다.

④ 설탕의 첨가는 노화를 지연시킨다.

39 대두의 성분 중 거품을 내며 용혈작용을 하는 것은?

① 사포닌

② 레닌

③ 아비딘

④ 청산배당체

40 다음 중 일반적으로 꽃 부분을 주요 식용 부위로 하는 화채류는?

① 비트(beet)

② 파슬리(parsley)

③ 브로콜리(broccoli)

④ 아스파라거스(asparagus)

호화 : 물, 열

소금, 산이 있으면 호화가 잘 안 된다.

노화가 잘 되는 것

- 멥쌀 〉 찹쌀 : 아밀로오스의 함량
- 수분 30~60%
- 다량의 수소

노화가 억제되는 것

- 급속냉동
- 급속건조
- 설탕, 환원제, 유화제

사포닌 – 거품

레닌 – 우유

청산배당체 – 아미그달린

화채류 – 브로콜리, 컬리플라워, 아티초크

41 밀가루를 반죽할 때 연화(쇼트닝)작용의 효과를 얻기 위해 넣는 것은?

① 소금

② 지방

③ 달걀

④ 이스트

42 육류의 사후강직과 숙성에 대한 설명으로 틀린 것은?

① 사후강직은 근섬유가 액토미오신(actomyosin)을 형성하여 근육이 수축되는 상태이다.

② 도살 후 글리코겐이 호기적 상태에서 젖산을 생성하여 pH가 저하된다.

③ 사후강직 시기에는 보수성이 저하되고 육즙이 많이 유출된다.

④ 자가분해효소인 카텝신(cathepsin)에 의해 연해지고 맛이 좋아진다.

43 붉은살 어류에 대한 일반적인 설명으로 맞는 것은?

① 흰살 어류에 비해 지질 함량이 적다.

② 흰살 어류에 비해 수분함량이 적다.

③ 해저 깊은 곳에 살면서 운동량이 적은 것이 특징이다.

④ 조기, 광어, 가자미 등이 해당된다.

사후강직 – 액토미오신

붉은살
- 수온 ↑ – 얕은 곳에서 산다
- 지방 ↑
- 수분 ↓
- 꽁치, 고등어, 다랑어

흰살
- 수온 ↓ – 깊은 곳에서 산다
- 지방 ↓
- 수분 ↑
- 조기, 광어, 가자미

44 난백의 기포성에 대한 설명으로 틀린 것은?

① 난백에 올리브유를 소량 첨가하면 거품이 잘 생기고 윤기도 난다.

② 난백은 냉장온도보다 실내온도에 저장했을 때 점도가 낮고 표면장력이 작아져 거품이 잘 생긴다.

③ 신선한 달걀보다는 어느 정도 묵은 달걀이 수양난백이 많아 거품이 쉽게 형성된다.

④ 난백의 거품이 형성된 후 설탕을 서서히 소량씩 첨가하면 안전성 있는 거품이 형성된다.

난백 - 유지, 우유, 소금, 설탕을 첨가하면 거품이 잘 생기지 않는다.

45 달걀의 신선도 검사와 관계가 가장 적은 것은?

① 외관 검사

② 무게 측정

③ 난황계수 측정

④ 난백계수 측정

외관 - 투광, 비중(6% 소금물)

46 버터의 특성이 아닌 것은?

① 독특한 맛과 향기를 가져 음식에 풍미를 준다.

② 냄새를 빨리 흡수하므로 밀폐하여 저장하여야 한다.

③ 유중수적형이다.

④ 성분은 단백질이 80% 이상이다.

버터 - 지방이 80% 이상

- 유중수적형 - 단단한, 버터, 마가린
- 수중유적형 - 묽은, 마요네즈, 아이스크림

47 생선의 육질이 육류보다 연한 주 이유는?

① 콜라겐과 엘라스틴의 함량이 적으므로

② 미오신과 액틴의 함량이 많으므로

③ 포화지방산의 함량이 많으므로

④ 미오글로빈의 함량이 적으므로

그냥 외우자!

48 **마멀레이드(marmalade)에 대하여 바르게 설명한 것은?**

① 과일즙에 설탕을 넣고 가열·농축한 후 냉각시킨 것이다.

② 과일의 과육을 전부 이용하여 점성을 띠게 농축한 것이다.

③ 과일즙에 설탕, 과일의 껍질, 과육의 얇은 조각이 섞여 가열·농축된 것이다.

④ 과일을 설탕시럽과 같이 가열하여 과일이 연하고 투명한 상태로 된 것이다.

49 **어류를 가열조리할 때 일어나는 변화와 거리가 먼 것은?**

① 결합조직 단백질인 콜라겐의 수축 및 용해

② 근육섬유 단백질의 응고수축

③ 열응착성 약화

④ 지방의 용출

50 **소금의 종류 중 불순물이 가장 많이 함유되어 있고 가정에서 배추를 절이거나 젓갈을 담글 때 주로 사용하는 것은?**

① 호렴

② 재제염

③ 식탁염

④ 정제염

껍질 - 마멀레이드

호렴 = 천일염

모의고사 1

모의고사 2

모의고사 3

모의고사 4

모의고사 5

모의고사 6

모의고사 7

모의고사 8

모의고사 9

모의고사 10

CBT(Computer Based Test) 시험 안내

2017년부터 모든 기능사 필기시험은 시험장의 컴퓨터를 통해 이루어집니다. 화면에 나타난 문제를 풀고 마우스를 통해 정답을 표시하여 모든 문제를 다 풀었는지 한 번 더 확인한 후 답안을 제출하고, 제출된 답안은 감독자의 컴퓨터에 자동으로 저장되는 방식입니다. 처음 응시하는 학생들은 시험 환경이 낯설어 실수할 수 있으므로, 반드시 사전에 CBT 시험에 대한 충분한 연습이 필요합니다. Q-Net 홈페이지에서는 CBT 체험하기를 제공하고 있으니, 잘 활용하기를 바랍니다.

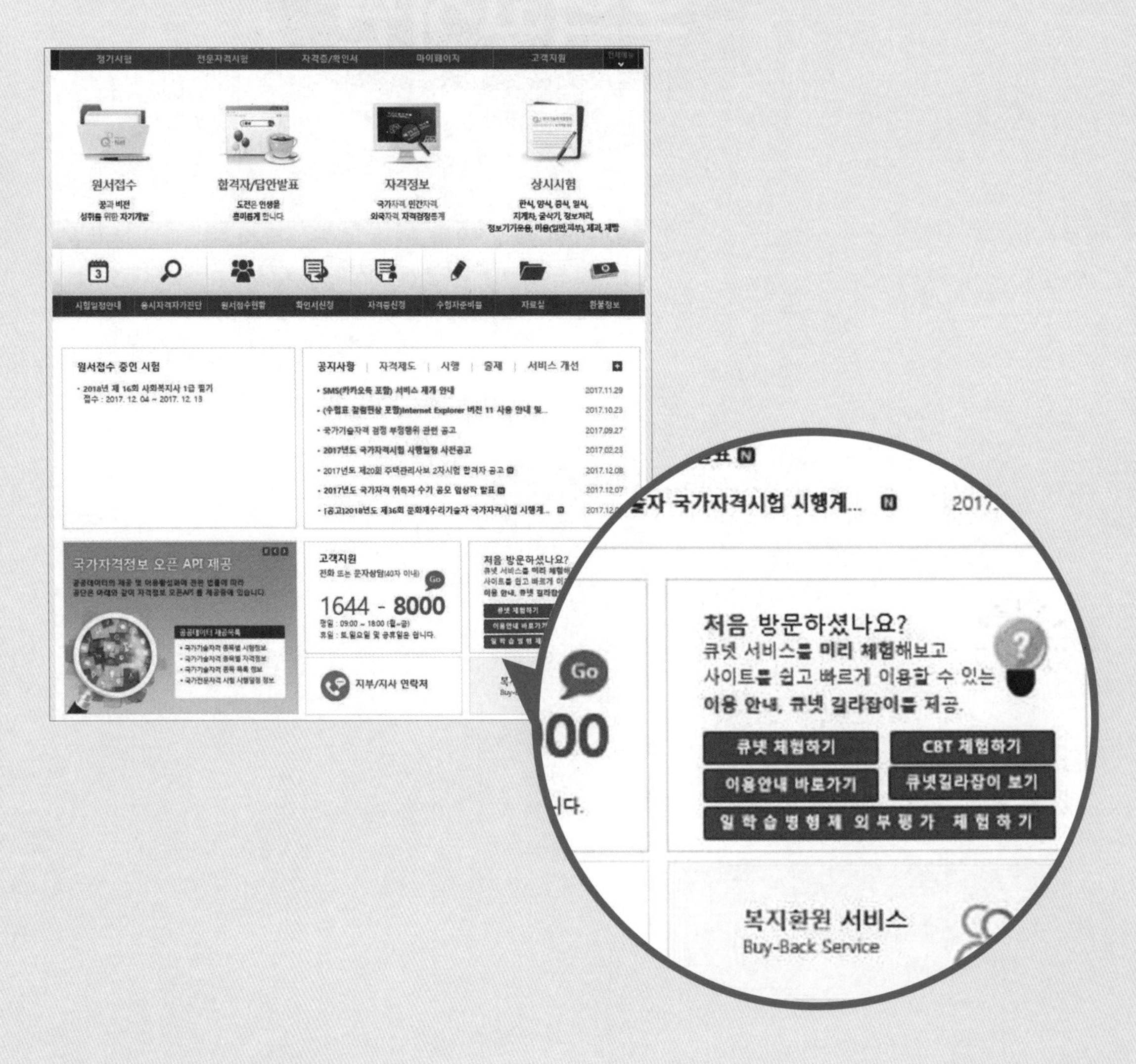

〈http://www.q-net.or.kr〉

1 큐넷 홈페이지에서 CBT 필기 자격시험 체험하기 클릭

2 수험자 정보 확인과 안내사항, 유의사항 읽어보기

3 CBT 화면 메뉴 설명 확인하기

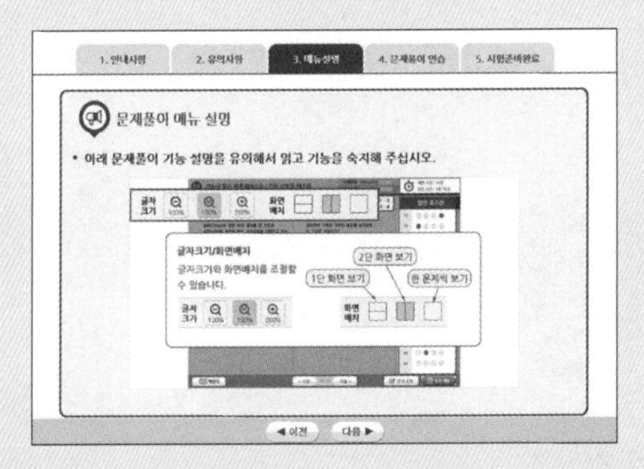

4 문제 풀이 실습 체험해 보기

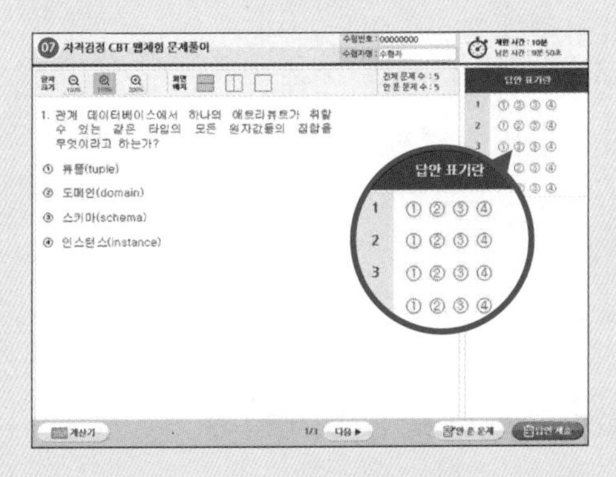

5 답안 제출, 최종 확인 및 시험 완료

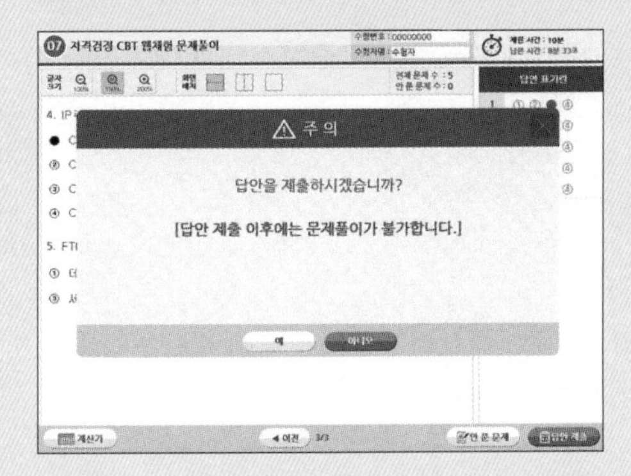

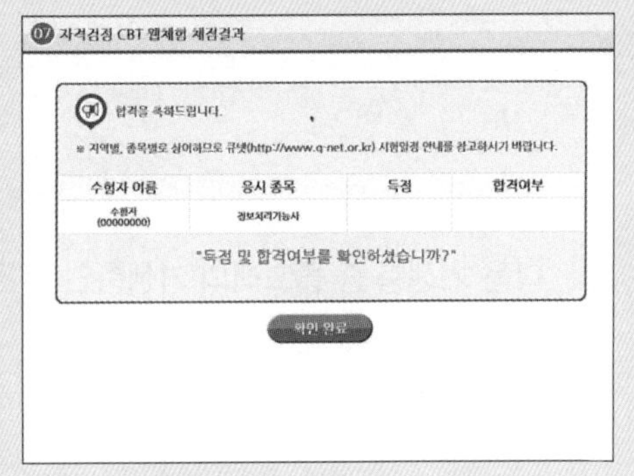

한식조리기능사 필기 모의고사 ❶

수험번호 :

수험자명 :

제한 시간 : 60분
남은 시간 : 60분

글자 크기    화면 배치 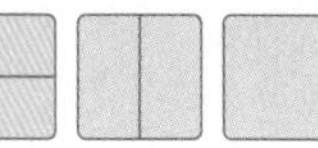

전체 문제 수 : 60
안 푼 문제 수 :

답안 표기란

1	① ② ③ ④
2	① ② ③ ④
3	① ② ③ ④
4	① ② ③ ④

음식 위생관리

1 미생물의 생육에 필요한 수분활성도의 크기로 옳은 것은?

① 세균 〉 효모 〉 곰팡이
② 곰팡이 〉 세균 〉 효모
③ 효모 〉 곰팡이 〉 세균
④ 세균 〉 곰팡이 〉 효모

2 식품의 변질 현상에 대한 설명 중 잘못된 것은?

① 변패는 탄수화물, 지방에 미생물이 작용하여 변화된 상태
② 부패는 단백질에 미생물이 작용하여 유해한 물질을 만든 상태
③ 산패는 유지식품이 산화되어 냄새 발생, 색깔이 변화된 상태
④ 발효는 탄수화물에 미생물이 작용하여 먹을 수 없게 변화된 상태

3 집단감염이 잘 되며, 항문 주위나 회음부에 소양증이 생기는 기생충은?

① 회충 ② 편충
③ 요충 ④ 흡충

4 다음 기생충 중 돌고래의 기생충인 것은?

① 유극악구충 ② 유구조충
③ 아니사키스충 ④ 선모충

5 소독의 지표가 되는 소독제는?

① 석탄산　　② 크레졸
③ 과산화수소　　④ 포르말린

6 식품첨가물의 사용목적과 이에 따른 첨가물의 종류가 바르게 연결된 것은?

① 식품의 영양 강화를 위한 것 – 착색료
② 식품의 관능을 만족시키기 위한 것 – 조미료
③ 식품의 변질이나 변패를 방지하기 위한 것 – 감미료
④ 식품의 품질을 개량하거나 유지하기 위한 것 – 산미료

7 다음에서 설명하는 중금속은?

> **보기** 도련, 제련, 배터리, 인쇄 등의 작업에 많이 사용되며 유약을 바른 도자기 등에서 중독이 일어날 수 있다. 중독 시 안면 창백, 연연, 말초신경염 등의 증상이 나타난다.

① 납　　② 주석
③ 구리　　④ 비소

8 세균성 식중독 중 감염형이 아닌 것은?

① 살모넬라 식중독
② 황색포도상구균 식중독
③ 장염비브리오 식중독
④ 병원성 대장균 식중독

답안 표기란

5	① ② ③ ④
6	① ② ③ ④
7	① ② ③ ④
8	① ② ③ ④

9 식품취급자의 화농성 질환에 의해 감염되는 식중독은?

① 살모넬라 식중독
② 황색포도상구균 식중독
③ 장염비브리오 식중독
④ 병원성 대장균 식중독

10 환경위생의 개선으로 발생이 감소되는 감염병과 가장 거리가 먼 것은?

① 장티푸스 ② 콜레라
③ 이질 ④ 홍역

11 기온역전현상의 발생 조건은?

① 상부기온이 하부기온보다 낮을 때
② 상부기온이 하부기온보다 높을 때
③ 상부기온과 하부기온이 같을 때
④ 안개와 매연이 심할 때

12 국가의 보건수준이나 생활수준을 나타내는 데 가장 많이 이용되는 지표는?

① 병상이용률
② 건강보험 수혜자수
③ 영아사망률
④ 조출생률

13 복어독에 관한 설명으로 잘못된 것은?

① 복어독은 햇볕에 약하다.
② 난소, 간, 내장 등에 독이 많다.
③ 복어독은 테트로도톡신이다.
④ 복어독에 중독되었을 때에는 신속하게 위장 내의 독소를 제거하여야 한다.

답안 표기란

9	① ② ③ ④
10	① ② ③ ④
11	① ② ③ ④
12	① ② ③ ④
13	① ② ③ ④

14 유해감미료에 속하지 않는 것은?

① 둘신
② 사카린나트륨
③ 사이클라민산나트륨
④ 에틸렌글리콜

15 다음 중 곰팡이 독소가 아닌 것은?

① 아플라톡신
② 시트리닌
③ 삭시톡신
④ 파툴린

16 노로바이러스 식중독의 예방 및 확산 방지 방법으로 틀린 것은?

① 오염 지역에서 채취한 어패류는 85℃에서 1분 이상 가열하여 섭취한다.
② 항바이러스 백신을 접종한다.
③ 오염이 의심되는 지하수의 사용을 자제한다.
④ 가열 조리한 음식물은 맨손으로 만지지 않도록 한다.

17 식품위생법상에서 정의하는 '집단급식소'에 대한 정의로 옳은 것은?

① 영리를 목적으로 하는 모든 급식 시설을 일컫는 용어이다.
② 영리를 목적으로 하지 않고 비정기적으로 1개월에 1회씩 음식물을 공급하는 급식시설도 포함된다.
③ 영리를 목적으로 하지 아니하면서 특정 다수인에게 계속하여 음식을 공급하는 급식시설을 말한다.
④ 영리를 목적으로 하지 않고 계속적으로 불특정 다수인에게 음식물을 공급하는 급식시설을 말한다.

답안 표기란	
14	① ② ③ ④
15	① ② ③ ④
16	① ② ③ ④
17	① ② ③ ④

18 다음 접객업 중 시설기준상 객실을 설치할 수 없는 영업은?

① 유흥주점영업 ② 일반음식점영업
③ 단란주점영업 ④ 휴게음식점영업

19 질병을 매개하는 위생해충과 그 질병의 연결이 틀린 것은?

① 모기 – 사상충증, 말라리아
② 파리 – 장티푸스, 발진티푸스
③ 진드기 – 유행성출혈열, 쯔쯔가무시증
④ 벼룩 – 페스트, 발진열

20 심한 설사로 인하여 탈수 증상을 나타내는 감염병은?

① 콜레라 ② 백일해
③ 결핵 ④ 홍역

21 기름을 오랫동안 저장하여 산소, 빛, 열에 노출되었을 때 색깔, 맛, 냄새 등이 변하게 되는 현상은?

① 발효 ② 부패
③ 산패 ④ 변질

22 고열장해로 인한 직업병이 아닌 것은?

① 열경련 ② 일사병
③ 열쇠약 ④ 참호족

답안 표기란	
18	① ② ③ ④
19	① ② ③ ④
20	① ② ③ ④
21	① ② ③ ④
22	① ② ③ ④

음식 안전관리

23 가스레인지를 사용할 때 위험요소로부터 예방하는 방법이 알맞지 않은 것은?

① 문제가 의심될 때만 가스관 점검
② 가스관은 작업에 지장을 주지 않은 곳에 위치
③ 가스레인지 주변 작업공간 확보
④ 가스레인지 사용 후 즉시 벨브 잠금

음식 재료관리

24 불건성유에 속하는 것은?

① 들기름　② 땅콩기름
③ 대두유　④ 옥수수기름

25 단당류에 속하는 것은?

① 맥아당　② 포도당
③ 설탕　④ 유당

26 유화액의 상태가 같은 것으로 묶여진 것은?

① 우유, 버터, 마요네즈
② 버터, 아이스크림, 마가린
③ 크림수프, 마가린, 마요네즈
④ 우유, 마요네즈, 아이스크림

27 황 함유 아미노산이 아닌 것은?

① 트레오닌(threonine)
② 시스틴(cystine)
③ 메티오닌(methionine)
④ 시스테인(cysteine)

답안 표기란	
23	① ② ③ ④
24	① ② ③ ④
25	① ② ③ ④
26	① ② ③ ④
27	① ② ③ ④

28 비타민 A가 부족할 때 나타나는 대표적인 증세는?

① 괴혈병 ② 구루병
③ 불임증 ④ 야맹증

29 비타민 B_2가 부족하면 어떤 증상이 생기는가?

① 구각염 ② 괴혈병
③ 야맹증 ④ 각기병

30 간장, 다시마 등의 감칠맛을 내는 주된 아미노산은?

① 알라닌(alanine)
② 글루탐산(glutamic acid)
③ 리신(lysine)
④ 트레오닌(threonine)

31 단팥죽을 만들 때 약간의 소금을 넣었더니 맛이 더 달게 느껴졌다. 이 현상을 무엇이라고 하는가?

① 맛의 상쇄 ② 맛의 대비
③ 맛의 변조 ④ 맛의 억제

32 카로티노이드에 대한 설명으로 옳은 것은?

① 클로로필과 공존하는 경우가 많다.
② 산화효소에 의해 쉽게 산화되지 않는다.
③ 자외선에 대해서 안정하다.
④ 물에 쉽게 용해된다.

답안 표기란	
28	① ② ③ ④
29	① ② ③ ④
30	① ② ③ ④
31	① ② ③ ④
32	① ② ③ ④

33 식품의 갈변 현상 중 성질이 다른 것은?

① 고구마 절단면의 변색
② 홍차의 적색
③ 간장의 갈색
④ 다진 양송이의 갈색

34 향신료의 매운맛 성분 연결이 틀린 것은?

① 고추 – 캡사이신(capsaicin)
② 겨자 – 차비신(chavicine)
③ 울금(curry 분) – 커큐민(curcumin)
④ 생강 – 진저롤(gingerol)

음식 구매관리

35 원가의 3요소에 해당되지 않는 것은?

① 경비
② 직접비
③ 재료비
④ 노무비

36 식품의 감별법 중 틀린 것은?

① 쌀알은 투명하고 앞니로 씹었을 때 강도가 센 것이 좋다.
② 생선은 안구가 돌출되어 있고 비늘이 단단하게 붙어 있는 것이 좋다.
③ 닭고기의 뼈(관절) 부위가 변색된 것은 변질된 것으로 맛이 없다.
④ 돼지고기의 색이 검붉은 것은 늙은 돼지에서 생산된 고기일 수 있다.

37 급식소에서 재고관리의 의의가 아닌 것은?

① 물품부족으로 인한 급식생산 계획의 차질을 미연에 방지할 수 있다.
② 도난과 부주의로 인한 식품재료의 손실을 최소화 할 수 있다.
③ 재고도 자산인 만큼 가능한 많이 보유하고 있어 유사시에 대비하도록 한다.
④ 급식생산에 요구되는 식품재료와 일치하는 최소한의 재고량이 유지되도록 한다.

답안 표기란

33	① ② ③ ④
34	① ② ③ ④
35	① ② ③ ④
36	① ② ③ ④
37	① ② ③ ④

38 다음 중 일반적으로 폐기율이 가장 높은 식품은?

① 살코기 ② 달걀
③ 생선 ④ 곡류

한식 기초 조리실무

39 일반적으로 젤라틴이 사용되지 않는 것은?

① 양갱 ② 아이스크림
③ 마시멜로 ④ 족편

40 건조된 갈조류 표면의 흰가루 성분으로 단맛을 나타내는 것은?

① 만니톨 ② 알긴산
③ 클로로필 ④ 피코시안

41 조미료의 침투속도와 채소의 색을 고려할 때 조미료 사용 순서가 가장 합리적인 것은?

① 소금 → 설탕 → 식초
② 설탕 → 소금 → 식초
③ 소금 → 식초 → 설탕
④ 식초 → 소금 → 설탕

42 카제인(casein)이 효소에 의하여 응고되는 성질을 이용한 식품은?

① 아이스크림 ② 치즈
③ 버터 ④ 크림수프

답안 표기란	
38	① ② ③ ④
39	① ② ③ ④
40	① ② ③ ④
41	① ② ③ ④
42	① ② ③ ④

43 다음 중 신선하지 않은 식품은?

① 생선 : 윤기가 있고 눈알이 약간 튀어나온 것
② 고기 : 육색이 선명하고 윤기 있는 것
③ 계란 : 껍질이 반들반들하고 매끄러운 것
④ 오이 : 가시가 있고 곧은 것

44 생선을 조릴 때 어취를 제거하기 위하여 생강을 넣는다. 이때 생선을 미리 가열하여 열변성시킨 후에 생강을 넣는 주된 이유는?

① 생강을 미리 넣으면 다른 조미료가 침투되는 것을 방해하기 때문에
② 열변성되지 않은 어육단백질이 생강의 탈취작용을 방해하기 때문에
③ 생선의 비린내 성분이 지용성이기 때문에
④ 생강이 어육단백질의 응고를 방해하기 때문에

45 소고기의 부위별 용도의 연결이 적합하지 않은 것은?

① 앞다리 – 불고기, 육회, 구이
② 설도 – 스테이크, 샤브샤브
③ 목심 – 불고기, 국거리
④ 우둔 – 산적, 장조림, 육포

46 염지에 의해서 원료육의 미오글로빈으로부터 생성되며 비가열 식육제품인 햄 등의 고정된 육색을 나타내는 것은?

① 니트로소헤모글로빈(nitrosohemoglobin)
② 옥시미오글로빈(oxymyoglobin)
③ 니트로소미오글로빈(nitrosomyoglobin)
④ 메트미오글로빈(metmyoglobin)

답안 표기란	
43	① ② ③ ④
44	① ② ③ ④
45	① ② ③ ④
46	① ② ③ ④

47 다음 중 식육의 동결과 해동 시 조직 손상을 최소화 할 수 있는 방법은?

① 급속 동결, 급속 해동
② 급속 동결, 완만 해동
③ 완만 동결, 급속 해동
④ 완만 동결, 완만 해동

48 사과나 딸기 등이 잼에 이용되는 가장 중요한 이유는?

① 과숙이 잘되어 좋은 질감을 형성하므로
② 펙틴과 유기산이 함유되어 잼 제조에 적합하므로
③ 색이 아름다워 잼의 상품 가치를 높이므로
④ 새콤한 맛 성분이 잼 맛에 적합하므로

49 조리 시 일어나는 비타민, 무기질의 변화 중 맞는 것은?

① 비타민 A는 지방음식과 함께 섭취할 때 흡수율이 높아진다.
② 비타민 D는 자외선과 접하는 부분이 클수록, 오래 끓일수록 파괴율이 높아진다.
③ 색소의 고정효과로는 Ca^{++}이 많이 사용되며 식물색소를 고정시키는 역할을 한다.
④ 과일을 깎을 때 쇠칼을 사용하는 것이 맛, 영양가, 외관상 좋다.

50 일반적으로 맛있게 지어진 밥은 쌀 무게의 약 몇 배 정도의 물을 흡수하는가?

① 1.2~1.4배
② 2.2~2.4배
③ 3.2~4.4배
④ 4.2~5.4배

답안 표기란	
47	① ② ③ ④
48	① ② ③ ④
49	① ② ③ ④
50	① ② ③ ④

51 전분의 호정화(dextrinization)가 일어난 예로 적합하지 않은 것은?

① 누룽지 ② 토스트
③ 미숫가루 ④ 묵

52 김치 저장 중 김치조직의 연부현상이 나타났다. 그 이유에 대한 설명으로 가장 거리가 먼 것은?

① 조직을 구성하고 있는 펙틴질이 분해되기 때문에
② 미생물이 펙틴 분해효소를 생성하기 때문에
③ 용기에 꼭 눌러 담지 않아 내부에 공기가 존재하여 호기성 미생물이 성장 번식하기 때문에
④ 김치가 국물에 잠겨 수분을 흡수하기 때문에

53 계량방법이 잘못된 것은?

① 된장, 흑설탕은 꼭꼭 눌러 담아 수평으로 깎아서 계량한다.
② 우유는 투명기구를 사용하여 액체 표면의 윗부분을 눈과 수평으로 하여 계량한다.
③ 저울은 반드시 수평한 곳에서 0으로 맞추고 사용한다.
④ 마가린은 실온일 때 꼭꼭 눌러 담아 평평한 것으로 깎아 계량한다.

54 전분의 호화에 필요한 요소만으로 짝지어진 것은?

① 물, 열 ② 물, 기름
③ 기름, 설탕 ④ 열, 설탕

55 아이스크림 제조 시 사용되는 안정제는?

① 전화당 ② 바닐라
③ 레시틴 ④ 젤라틴

답안 표기란	
51	① ② ③ ④
52	① ② ③ ④
53	① ② ③ ④
54	① ② ③ ④
55	① ② ③ ④

한식조리

56 의례음식의 연결이 바른 것은?

① 돌상 – 육포
② 백일상 – 백설기
③ 폐백상 – 미역국
④ 제상 – 수수경단

57 우리나라의 3첩 반상에 포함되지 않는 것은?

① 마른반찬
② 숙채
③ 구이
④ 회

58 익히지 않은 재료를 꼬치에 꿰어서 지지거나 구운 것은?

① 산적
② 누르미
③ 전유어
④ 지짐

59 밥의 냄새와 향미가 가장 좋아지는 뜸들이기 시간은?

① 5분
② 15분
③ 30분
④ 60분

60 한식 죽 조리에 사용하는 전복의 단맛 성분이 아닌 것은?

① 글루탐산
② 아르기닌
③ 글리신
④ 베타인

답안 표기란	
56	① ② ③ ④
57	① ② ③ ④
58	① ② ③ ④
59	① ② ③ ④
60	① ② ③ ④

한식조리기능사 필기 모의고사 ❷

수험번호 :
수험자명 :

제한 시간 : 60분
남은 시간 : 60분

글자 크기 100% 150% 200% | 화면 배치

전체 문제 수 : 60
안 푼 문제 수 :

답안 표기란

1 ① ② ③ ④
2 ① ② ③ ④
3 ① ② ③ ④
4 ① ② ③ ④
5 ① ② ③ ④

음식 위생관리

1 다음 중 식품위생과 관련된 미생물이 아닌 것은?

① 세균 ② 곰팡이
③ 효모 ④ 기생충

2 우유의 살균방법으로 130~150℃에서 0.5~5초간 가열하는 것은?

① 저온살균법
② 고압증기멸균법
③ 고온단시간살균법
④ 초고온순간살균법

3 미생물학적으로 식품 1g당 세균수가 얼마일 때 초기부패 단계로 판정하는가?

① 10^3~10^4 ② 10^4~10^5
③ 10^7~10^8 ④ 10^{12}~10^{13}

4 식품과 함께 입을 통해 감염되거나 피부로 직접 침입하는 기생충은?

① 회충 ② 십이지장충
③ 요충 ④ 동양모양선충

5 모든 미생물을 제거하여 무균 상태로 하는 조작은?

① 소독 ② 멸균
③ 방부 ④ 살균

6 기생충과 인체 감염원인 식품의 연결이 틀린 것은?

① 유구조충 – 돼지고기
② 무구조충 – 민물고기
③ 동양모양선충 – 채소류
④ 아니사키스 – 바다생선

7 분변소독에 가장 적합한 것은?

① 생석회
② 역성비누
③ 과산화수소
④ 표백분

8 식품 등의 위생적 취급에 관한 기준이 아닌 것은?

① 식품 등을 취급하는 원료보관실, 제조가공실, 포장실 등의 내부는 항상 청결하게 관리한다.
② 식품 등의 원료 및 제품 중 부패 및 변질되기 쉬운 것은 냉동 및 냉장 시설에 보관·관리한다.
③ 유통기한이 경과된 식품 등을 판매하거나 판매의 목적으로 진열·보관하여서는 아니 된다.
④ 모든 식품 및 원료는 냉장·냉동시설에 보관·관리한다.

9 껌 기초제로 사용되며 피막제로도 사용되는 식품첨가물은?

① 초산비닐수지
② 에스테르껌
③ 폴리이소부틸렌
④ 폴리소르베이트

10 미나마타병의 원인이 되는 오염유형과 물질의 연결이 옳은 것은?

① 수질오염 – 수은
② 수질오염 – 카드뮴
③ 방사능오염 – 구리
④ 방사능오염 – 아연

답안 표기란

6	① ② ③ ④
7	① ② ③ ④
8	① ② ③ ④
9	① ② ③ ④
10	① ② ③ ④

11 집단 식중독 발생 시 처치사항으로 잘못된 것은?

① 원인식을 조사한다.
② 구토물 등은 원인균 검출에 필요하므로 버리지 않는다.
③ 해당 기관에 즉시 신고한다.
④ 소화제를 복용시킨다.

12 세균성 식중독 중에서 잠복기가 가장 짧은 것은?

① 클로스트리디움 보툴리눔 식중독
② 장구균 식중독
③ 살모넬라 식중독
④ 포도상구균 식중독

13 햄이나 소시지 등의 진공 포장된 식품이 주된 원인식품이며, 시력 저하, 운동장애, 언어장애 등의 신경증상을 일으키는 식중독은?

① 포도상구균 식중독
② 클로스트리디움 보툴리눔 식중독
③ 살모넬라 식중독
④ 장염비브리오 식중독

14 굴을 먹고 식중독에 걸렸을 때 관계되는 독성물질은?

① 시큐톡신 ② 베네루핀
③ 테트라민 ④ 테무린

15 다음 중 곰팡이 독소와 독성을 나타내는 곳을 잘못 연결한 것은?

① 오크라톡신 – 간장독
② 아플라톡신 – 신경독
③ 시트리닌 – 신장독
④ 스테리그마토시스틴 – 간장독

답안 표기란

11	① ② ③ ④
12	① ② ③ ④
13	① ② ③ ④
14	① ② ③ ④
15	① ② ③ ④

16 식품위생법으로 정의한 식품이란?

① 모든 음식물
② 의약품을 제외한 모든 음식물
③ 담배 등의 기호품과 모든 음식물
④ 포장, 용기와 모든 음식물

17 신선도가 저하된 꽁치, 고등어 등의 섭취로 인한 알레르기성 식중독의 원인성분은?

① 트리메틸아민 ② 히스타민
③ 엔테로톡신 ④ 시큐톡신

18 허위표시, 과대광고, 비방광고 및 과대포장의 범위에 해당되지 않는 것은?

① 건강증진·체력유지·체질개선·식이요법 등에 도움을 준다는 표현
② 질병의 예방 또는 치료에 효능이 있다는 내용의 표시·광고
③ 제품의 원재료 또는 성분과 다른 내용의 표시·광고
④ 각종 상장 등을 이용하거나 "인증", "보증", "추천" 또는 이와 유사한 내용을 표현

19 일반음식점의 영업신고는 누구에게 하는가?

① 동사무소장
② 관할 시장·군수·구청장
③ 관할 지방식품의약품안전처장
④ 관할 보건소장

20 무색, 무취, 무자극성 기체로써 불안전 연소 시 잘 발생하며 연탄가스 중독의 원인 물질인 것은?

① CO ② CO_2
③ SO ④ NO

답안 표기란	
16	① ② ③ ④
17	① ② ③ ④
18	① ② ③ ④
19	① ② ③ ④
20	① ② ③ ④

21 음식물로 매개될 수 있는 감염병이 아닌 것은?

① 유행성 간염 ② 폴리오
③ 일본뇌염 ④ 콜레라

22 감염병 중에서 비말감염과 관계가 먼 것은?

① 백일해 ② 디프테리아
③ 발진열 ④ 결핵

23 식품취급자가 손을 씻는 방법으로 적합하지 않은 것은?

① 살균효과를 증대시키기 위해 역성비누액에 일반비누액을 섞어 사용한다.
② 팔에서 손으로 씻어 내려온다.
③ 손을 씻은 후 비눗물을 흐르는 물에 충분히 씻는다.
④ 역성비누원액을 몇 방울 손에 받아 30초 이상 문지르고 흐르는 물로 씻는다.

24 하수처리 방법으로 혐기성처리 방법은?

① 살수여과법 ② 활성오니법
③ 산화지법 ④ 임호프탱크법

25 교차오염을 예방하는 방법으로 바르지 않은 것은?

① 도마는 용도별로 색 구분하여 사용한다.
② 식품을 손질하기 전 반드시 손을 씻는다.
③ 날 음식과 익은 음식을 분리하여 보관한다.
④ 해동하는 육류는 빠른 해동을 위해 냉장고 중간 칸에 보관한다.

답안 표기란	
21	① ② ③ ④
22	① ② ③ ④
23	① ② ③ ④
24	① ② ③ ④
25	① ② ③ ④

26 주로 정상기압에서 고기압으로 변화하는 환경에서 작업 시 발생하는 질환은?

① 잠함병 ② 고산병
③ 항공병 ④ 일산화탄소중독

음식 안전관리

27 주방 내 미끄럼 사고의 원인이 아닌 것은?

① 바닥이 젖은 상태
② 기름이 있는 바닥
③ 높은 조도로 인해 밝은 경우
④ 노출된 전선

음식 재료관리

28 쓰거나 신 음식을 맛 본 후 금방 물을 마시면 물이 달게 느껴지는데 이는 어떤 원리에 의한 것인가?

① 변조현상 ② 대비효과
③ 순응현상 ④ 억제현상

29 육류나 어류의 구수한 맛을 내는 성분은?

① 이노신산 ② 호박산
③ 알리신 ④ 나린진

30 다음 중 가열조리에 의해 가장 파괴되기 쉬운 비타민은?

① 비타민 C ② 비타민 B_6
③ 비타민 A ④ 비타민 D

답안 표기란

26	① ② ③ ④
27	① ② ③ ④
28	① ② ③ ④
29	① ② ③ ④
30	① ② ③ ④

31 **철(Fe)에 대한 설명으로 옳은 것은?**

① 헤모글로빈의 구성성분으로 신체의 각 조직에 산소를 운반한다.
② 골격과 치아에 가장 많이 존재하는 무기질이다.
③ 부족 시에는 갑상선종이 생긴다.
④ 철의 필요량은 남녀에게 동일하다.

32 **불포화지방산을 포화지방산으로 변화시키는 경화유에는 어떤 물질이 첨가되는가?**

① 산소 ② 수소
③ 질소 ④ 칼슘

33 **자유수와 결합수의 설명으로 맞는 것은?**

① 결합수는 용매로서 작용한다.
② 자유수는 4℃에서 비중이 제일 크다.
③ 자유수는 표면장력과 점성이 작다.
④ 결합수는 자유수보다 밀도가 작다.

34 **다음 중 사과, 배 등 신선한 과일의 갈변현상을 방지하기 위한 가장 좋은 방법은?**

① 철제 칼로 껍질을 벗긴다.
② 뜨거운 물에 넣었다 꺼낸다.
③ 레몬즙에 담가 둔다.
④ 신선한 공기와 접촉시킨다.

35 **영양소와 그 소화효소가 바르게 연결된 것은?**

① 단백질 – 리파아제
② 탄수화물 – 아밀라아제
③ 지방 – 펩신
④ 유당 – 트립신

답안 표기란	
31	① ② ③ ④
32	① ② ③ ④
33	① ② ③ ④
34	① ② ③ ④
35	① ② ③ ④

36 다음의 식단에서 부족한 영양소는?

보기	보리밥, 시금치된장국, 달걀부침, 콩나물무침, 배추김치

① 탄수화물　　② 단백질
③ 지방　　④ 칼슘

음식 구매관리

37 구매한 식품의 재고 관리 시 적용되는 방법 중 최근에 구입한 식품부터 사용하는 것으로 가장 오래된 물품이 재고로 남게 되는 것은?

① 선입선출법(first-in, first-out)
② 후입선출법(last-in, first-out)
③ 총 평균법
④ 최소-최대관리법

38 일반적인 식품의 구매방법으로 가장 옳은 것은?

① 고등어는 2주일분을 한꺼번에 구입한다.
② 느타리버섯은 3일에 한 번씩 구입한다.
③ 쌀은 1개월분을 한꺼번에 구입한다.
④ 소고기는 1개월분을 한꺼번에 구입한다.

39 식품의 감별법으로 옳은 것은?

① 돼지고기는 진한 분홍색으로 지방이 단단하지 않은 것
② 고등어는 아가미가 붉고 눈이 들어가고 냄새가 없는 것
③ 계란은 껍질이 매끄럽고 광택이 있는 것
④ 쌀은 알갱이가 고르고 광택이 있으며 경도가 높은 것

답안 표기란	
36	① ② ③ ④
37	① ② ③ ④
38	① ② ③ ④
39	① ② ③ ④

40 어떤 제품의 원가구성이 다음과 같을 때 제조원가는?

보기		
	• 이익	20,000원
	• 제조간접비	15,000원
	• 판매관리비	17,000원
	• 직접재료비	10,000원
	• 직접노무비	23,000원
	• 직접경비	15,000원

① 40,000원 ② 63,000원
③ 800,000원 ④ 100,000원

한식 기초 조리실무

41 찹쌀떡이 멥쌀떡보다 더 늦게 굳는 이유는?

① pH가 낮기 때문에
② 수분함량이 적기 때문에
③ 아밀로오스의 함량이 많기 때문에
④ 아밀로펙틴의 함량이 많기 때문에

42 식혜에 대한 설명으로 틀린 것은?

① 전분이 아밀라아제에 의해 가수분해 되어 맥아당과 포도당을 생성한다.
② 밥을 지은 후 엿기름을 부어 효소반응이 잘 일어나도록 한다.
③ 80℃의 온도가 유지되어야 효소반응이 잘 일어나 밥알이 뜨기 시작한다.
④ 식혜 물에 뜨기 시작한 밥알은 건져내어 냉수에 헹구어 놓았다가 차게 식힌 식혜에 띄워낸다.

43 밀가루를 물로 반죽하여 면을 만들 때 반죽의 점탄성에 관계하는 주성분은?

① 글로불린(globulin)
② 글루텐(gluten)
③ 덱스트린(dextrin)
④ 아밀로펙틴(amylopectin)

답안 표기란

40 ① ② ③ ④
41 ① ② ③ ④
42 ① ② ③ ④
43 ① ② ③ ④

44 날콩에 함유된 단백질의 체내 이용을 저해하는 것은?

① 펩신 ② 트립신
③ 글로불린 ④ 안티트립신

45 녹색 채소의 데치기에 대한 설명으로 틀린 것은?

① 데치는 조리수의 양이 많으면 영양소, 특히 비타민 C의 손실이 크다.
② 데칠 때 식소다를 넣으면 엽록소가 페오피틴으로 변해 선명한 녹색이 된다.
③ 데치는 조리수의 양이 적으면 비점으로 올라가는 시간이 길어져 유기산과 많이 접촉하게 된다.
④ 데칠 때 소금을 넣으면 비타민 C의 산화도 억제하고 채소의 색을 선명하게 한다.

46 유지의 발연점과 관련된 설명 중 옳은 것은?

① 발연점이 높은 유지가 조리에 유리하다.
② 가열 횟수가 많으면 발연점이 높아진다.
③ 정제도가 높으면 발연점이 낮아진다.
④ 유리지방산의 양이 많으면 발연점이 높아진다.

47 육류의 사후강직 후 숙성 과정에서 나타나는 현상이 아닌 것은?

① 근육의 경직상태 해제
② 효소에 의한 단백질 분해
③ 아미노산 질소 증가
④ 액토미오신의 합성

답안 표기란	
44	① ② ③ ④
45	① ② ③ ④
46	① ② ③ ④
47	① ② ③ ④

답안 표기란	
48	① ② ③ ④
49	① ② ③ ④
50	① ② ③ ④
51	① ② ③ ④

48 부드러운 살코기로서 맛이 좋으며 구이, 전골, 산적용으로 적당한 소고기 부위는?

① 양지, 사태, 목심
② 안심, 채끝, 우둔
③ 갈비, 삼겹살, 안심
④ 양지, 설도, 삼겹살

49 신선한 생선의 특징이 아닌 것은?

① 눈알이 밖으로 돌출된 것
② 아가미의 빛깔이 선홍색인 것
③ 비늘이 잘 떨어지며 광택이 있는 것
④ 손가락으로 눌렀을 때 탄력성이 있는 것

50 다음 설명 중 이것은 어떤 조미료를 말하는가?

> **보기**
> • 수란을 뜰 때 끓는 물에 이것을 넣고 달걀을 넣으면 난백의 응고를 돕는다.
> • 작은 생선을 사용할 때 이것을 소량 가하면 뼈까지 부드러워진다.
> • 기름기 많은 재료에 이것을 사용하면 맛이 부드럽고 산뜻해진다.
> • 생강에 이것을 넣고 절이면 예쁜 적색이 된다.

① 설탕 ② 후추
③ 식초 ④ 소금

51 다음 조리법 중 비타민 C 파괴율이 가장 적은 것은?

① 시금치 국 ② 무생채
③ 고사리 무침 ④ 오이지

52 **달걀에 관한 설명으로 틀린 것은?**

① 흰자의 단백질은 대부분이 오보뮤신(Ovomycin)으로 기포성에 영향을 준다.
② 난황은 인지질인 레시틴(Lecithin), 세팔린(Cephalin)을 많이 함유한다.
③ 신선도가 떨어지면 흰자의 점성이 감소한다.
④ 신선도가 떨어지면 달걀흰자는 알칼리성이 된다.

53 **마늘의 매운 맛과 향을 내는 것으로 비타민 B의 흡수를 도와주는 성분은?**

① 알리신(allicin)
② 알라닌(alanine)
③ 헤스페리딘(hesperidin)
④ 아스타신(astacin)

54 **차, 커피, 코코아, 과일 등에서 수렴성 맛을 주는 성분은?**

① 탄닌(tannin)
② 카로틴(carotene)
③ 엽록소(chlorophyll)
④ 안토시아닌(anthocyanin)

55 **어패류 조리방법 중 틀린 것은?**

① 조개류는 낮은 온도에서 서서히 조리하여야 단백질의 급격한 응고로 인한 수축을 막을 수 있다.
② 생선은 결체조직의 함량이 높으므로 주로 습열 조리법을 사용해야 한다.
③ 생선조리 시 식초를 넣으면 생선이 단단해진다.
④ 생선조리에 사용하는 파, 마늘은 비린내 제거에 효과적이다.

답안 표기란

52	① ② ③ ④
53	① ② ③ ④
54	① ② ③ ④
55	① ② ③ ④

한식조리

56 한가위에 먹는 음식이 아닌 것은?

① 토란탕 ② 햇과일
③ 떡국 ④ 송편

57 삶는 떡은?

① 백설기 ② 송편
③ 화전 ④ 경단

58 첩수에 들어가지 않는 음식은?

① 숙채 ② 생채
③ 찌개 ④ 젓갈

59 채소의 줄기부분만 꼬지에 끼워 밀가루, 달걀을 묻히고 양면을 지져 골패형이나 마름모형으로 잘라 탕이나 신선로에 올리는 고명은?

① 달걀지단 ② 미나리초대
③ 알쌈 ④ 고기완자

60 산적과 누름적에 대한 설명으로 틀린 것은?

① 산적은 익힌 재료를 양념하여 꿰어 굽는다.
② 누름적의 종류에는 화양적, 지짐누름적이 있다.
③ 누름적은 재료를 꿰어서 굽지 않고 밀가루, 달걀물을 입혀 번철에 지져 익힌 것이다.
④ 산적은 살코기 편이나 섭산적처럼 다진 고기를 반대기 지어 석쇠에 굽는 것을 포함한다.

답안 표기란	
56	① ② ③ ④
57	① ② ③ ④
58	① ② ③ ④
59	① ② ③ ④
60	① ② ③ ④

한식조리기능사 필기 모의고사 ❸

수험번호 :

수험자명 :

제한 시간 : 60분
남은 시간 : 60분

글자 크기   

화면 배치 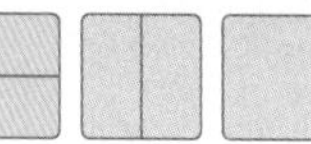

전체 문제 수 : 60
안 푼 문제 수 :

답안 표기란

1 ① ② ③ ④
2 ① ② ③ ④
3 ① ② ③ ④
4 ① ② ③ ④

음식 위생관리

1 미생물이 자라는데 필요한 조건이 아닌 것은?

① 온도 ② 햇빛
③ 수분 ④ 영양분

2 식품 속에 분변이 오염되었는지의 여부를 판별할 때 이용하는 지표균은?

① 장티푸스균 ② 살모넬라균
③ 이질균 ④ 대장균

3 기생충 감염의 중간숙주의 연결이 바르지 못한 것은?

① 십이지장충 – 모기
② 말라리아 – 사람
③ 폐흡충 – 가재, 게
④ 무구조충 – 소

4 다음 중 식품첨가물과 주요 용도의 연결이 바르게 된 것은?

① 안식향산 – 착색제
② 토코페롤 – 표백제
③ 질산나트륨 – 산화방지제
④ 피로인산칼륨 – 품질개량제

5 칼슘과 인의 대사이상을 초래하여 골연화증을 유발하는 유해금속은?

① 철 ② 카드뮴
③ 수은 ④ 주석

6 가장 심한 발열을 일으키는 식중독은?

① 포도상구균 식중독
② 살모넬라균 식중독
③ 보툴리누스균 식중독
④ 복어독 식중독

7 황색포도상구균에 의한 식중독에 대한 설명으로 틀린 것은?

① 잠복기는 1~5시간 정도이다.
② 감염형 식중독을 유발하며 사망률이 높다.
③ 주요 증상은 구토, 설사, 복통 등이다.
④ 장독소에 의한 독소형이다.

8 클로스트리디움 보툴리눔균이 생산하는 독소는?

① enterotoxin(엔테로톡신)
② neurotoxin(뉴로톡신)
③ saxitoxin(삭시톡신)
④ ergotoxin(에르고톡신)

9 식품과 독성분의 연결이 틀린 것은?

① 복어 – 테트로도톡신
② 섭조개 – 시큐톡신
③ 모시조개 – 베네루핀
④ 청매 – 아미그달린

답안 표기란	
5	① ② ③ ④
6	① ② ③ ④
7	① ② ③ ④
8	① ② ③ ④
9	① ② ③ ④

10 파라티온, 말라티온과 같이 독성이 강하지만 빨리 분해되어 만성중독을 일으키지 않는 농약은?

① 유기인제 농약
② 유기염소제 농약
③ 유기불소제 농약
④ 유기수은제 농약

11 식품위생법규상 식품영업에 종사하지 못하는 질병의 종류에 해당하지 않는 것은?

① 장출혈성대장균감염증
② 결핵(비전염성인 경우 제외)
③ 피부병 기타 화농성 질환
④ 홍역

12 간장독을 일으키는 곰팡이독은?

① 파툴린 ② 시트리닌
③ 말토리진 ④ 아플라톡신

13 식품첨가물 중 유해한 착색료는?

① 아우라민 ② 둘신
③ 롱가릿 ④ 붕산

14 식품위생법규상 수입식품 검사결과 부적합한 식품 등에 대하여 취하여지는 조치가 아닌 것은?

① 수출국으로의 반송
② 식용외의 다른 용도로의 전환
③ 관할 보건소에서 재검사 실시
④ 다른 나라로의 반출

답안 표기란	
10	① ② ③ ④
11	① ② ③ ④
12	① ② ③ ④
13	① ② ③ ④
14	① ② ③ ④

15 식품을 구입하였는데 포장에 아래와 같은 표시가 있었다. 어떤 종류의 식품 표시인가?

① 방사선조사식품　　② 녹색신고식품
③ 자진회수식품　　④ 유기농법제조식품

16 식품위생법상 조리사 면허를 받을 수 없는 사람은?

① 미성년자
② 마약중독자
③ B형간염환자
④ 조리사 면허의 취소처분을 받고 그 취소된 날부터 1년이 지난 자

17 주방의 청결작업구역이 아닌 것은?

① 전처리구역　　② 조리구역
③ 배선구역　　④ 식기보관구역

18 리케차(rickettsia)에 의해서 발생되는 감염병은?

① 세균성이질　　② 파라티푸스
③ 발진티푸스　　④ 디프테리아

19 일반적으로 개달물(介達物) 전파가 가장 잘 되는 것은?

① 공수병　　② 일본뇌염
③ 트라코마　　④ 황열

답안 표기란

15	① ② ③ ④
16	① ② ③ ④
17	① ② ③ ④
18	① ② ③ ④
19	① ② ③ ④

답안 표기란
20 ① ② ③ ④
21 ① ② ③ ④
22 ① ② ③ ④
23 ① ② ③ ④
24 ① ② ③ ④

20 **급속사여과법에 대한 설명으로 옳은 것은?**

① 보통 침전법을 한다.
② 사면대치를 한다.
③ 역류세척을 한다.
④ 넓은 면적이 필요하다.

21 **실내공기 오염의 지표로 이용되는 기체는?**

① 산소 ② 이산화탄소
③ 일산화탄소 ④ 질소

22 **공기 중에 먼지가 많으면 어떤 건강장해를 일으키는가?**

① 진폐증 ② 울열
③ 저산소증 ④ 레이노드씨병

음식 안전관리

23 **화재 시 대처요령으로 바르지 않은 것은?**

① 화재 발생 시 큰소리로 주위에 먼저 알린다.
② 소화기 사용방법과 장소를 미리 숙지하여 소화기로 불을 끈다.
③ 신속히 원인 물질을 찾아 제거하도록 한다.
④ 몸에 불이 붙었을 경우 움직이면 불길이 더 커지므로 가만히 조치를 기다린다.

음식 재료관리

24 **위의 소화작용에 의해 반 액체 상태로 된 유미즙의 소화가 본격적으로 진행되는 곳은?**

① 맹장 ② 소장
③ 대장 ④ 간장

25 마이야르(maillard) 반응에 대한 설명으로 틀린 것은?

① 식품은 갈색화가 되고 독특한 풍미가 형성된다.
② 효소에 의해 일어난다.
③ 당류와 아미노산이 함께 공존할 때 일어난다.
④ 멜라노이딘 색소가 형성된다.

26 동물성 식품(육류)의 대표적인 색소 성분은?

① 미오글로빈(myoglobin)
② 페오피틴(pheophytin)
③ 안토크산틴(anthoxanthine)
④ 안토시아닌(anthocyanin)

27 난황에 함유되어 있는 색소는?

① 클로로필
② 안토시아닌
③ 카로티노이드
④ 플라보노이드

28 고추의 매운맛 성분은?

① 무스카린(muscarine)
② 캡사이신(capsaicin)
③ 뉴린(neurine)
④ 몰핀(morphine)

29 영양 결핍증상과 원인이 되는 영양소의 연결이 잘못된 것은?

① 빈혈 – 엽산
② 구순구각염 – 비타민 B_{12}
③ 야맹증 – 비타민 A
④ 괴혈병 – 비타민 C

답안 표기란	
25	① ② ③ ④
26	① ② ③ ④
27	① ② ③ ④
28	① ② ③ ④
29	① ② ③ ④

30 **완전단백질(complete protein)이란?**

① 필수아미노산과 불필수아미노산을 모두 함유한 단백질
② 함황아미노산을 다량 함유한 단백질
③ 성장을 돕지는 못하나 생명을 유지시키는 단백질
④ 정상적인 성장을 돕는 필수아미노산이 충분히 함유된 단백질

31 **필수지방산에 속하는 것은?**

① 리놀렌산 ② 올레산
③ 스테아르산 ④ 팔미트산

32 **다음의 식단 구성 중 편중되어 있는 영양가의 식품군은?**

보기	완두콩밥/된장국/장조림/명란알찜/두부조림/생선구이

① 탄수화물군
② 단백질군
③ 비타민/무기질군
④ 지방군

33 **체온유지 등을 위한 에너지 형성에 관계하는 영양소는?**

① 탄수화물, 지방, 단백질
② 물, 비타민, 무기질
③ 무기질, 탄수화물, 물
④ 비타민, 지방, 단백질

음식 구매관리

34 **채소류, 두부, 생선 등 저장성이 낮고 가격 변동이 많은 식품구매 시 적합한 계약 방법은?**

① 수의계약
② 장기계약
③ 일반경쟁계약
④ 지명경쟁입찰계약

답안 표기란

30	①	②	③	④
31	①	②	③	④
32	①	②	③	④
33	①	②	③	④
34	①	②	③	④

35 김치공장에서 포기김치를 만든 원가자료가 다음과 같다면 포기김치의 판매가격은 총 얼마인가?

구분	금액
직접재료비	60,000원
간접재료비	19,000원
직접노무비	140,000원
간접노무비	25,000원
직접제조경비	20,000원
간접제조경비	25,000원
판매비와 관리비	제조원가의 20%
기대이익	총원가의 20%

① 289,000원 ② 346,800원
③ 416,160원 ④ 475,160원

36 원가에 대한 설명으로 틀린 것은?

① 원가의 3요소는 재료비, 노무비, 경비이다.
② 간접비는 여러 제품의 생산에 대하여 공통으로 사용되는 원가이다.
③ 직접비에 제조 시 소요된 간접비를 포함한 것은 제조원가이다.
④ 제조원가에 관리비용만 더한 것은 총원가이다.

한식 기초 조리실무

37 어취의 성분인 트리메틸아민(TMA : trimetylamine)에 대한 설명 중 틀린 것은?

① 불쾌한 어취는 트리메틸아민의 함량과 비례한다.
② 수용성이므로 물로 씻으면 많이 없어진다.
③ 해수어보다 담수어에서 더 많이 생성된다.
④ 트리메틸아민옥사이드(trimethylamine oxide)가 환원되어 생성된다.

답안 표기란

35 ① ② ③ ④
36 ① ② ③ ④
37 ① ② ③ ④

38 찹쌀의 아밀로오스와 아밀로펙틴에 대한 설명 중 맞는 것은?

① 아밀로오스 함량이 더 많다.
② 아밀로오스 함량과 아밀로펙틴의 함량이 거의 같다.
③ 아밀로펙틴으로 이루어져 있다.
④ 아밀로펙틴은 존재하지 않는다.

39 다음 중 전분이 노화되기 가장 쉬운 온도는?

① 0~5℃ ② 10~15℃
③ 20~25℃ ④ 30~35℃

40 밀가루 반죽 시 넣는 첨가물에 관한 설명으로 옳은 것은?

① 유지는 글루텐 구조형성을 방해하여 반죽을 부드럽게 한다.
② 소금은 글루텐 단백질을 연화시켜 밀가루 반죽의 점탄성을 떨어뜨린다.
③ 설탕을 글루텐 망사구조를 치밀하게 하여 반죽을 질기고 단단하게 한다.
④ 달걀을 넣고 가열하면 단백질의 연화작용으로 반죽이 부드러워진다.

41 신선한 달걀의 감별법 중 틀린 것은?

① 햇빛(전등)에 비출 때 공기집의 크기가 작다.
② 흔들 때 내용물이 흔들리지 않는다.
③ 6%의 소금물에 넣어서 떠오른다.
④ 깨뜨려 접시에 놓으면 노른자가 볼록하고 흰자의 점도가 높다.

42 다음 채소류 중 일반적으로 꽃 부분을 식용으로 하는 것과 거리가 먼 것은?

① 브로콜리(broccoli)
② 콜리플라워(cauliflower)
③ 비트(beet)
④ 아티쵸크(artichoke)

답안 표기란	
38	① ② ③ ④
39	① ② ③ ④
40	① ② ③ ④
41	① ② ③ ④
42	① ② ③ ④

43 음식을 제공할 때 온도를 고려해야 한다. 다음 중 맛있게 느끼는 온도가 가장 높은 것은?

① 전골 ② 국
③ 커피 ④ 밥

44 습열조리법으로 조리하지 않는 것은?

① 편육 ② 장조림
③ 불고기 ④ 꼬리곰탕

45 다음 중 계량방법이 잘못된 것은?

① 저울은 수평으로 놓고 눈금은 정면에서 읽으며 바늘은 0에 고정시킨다.
② 가루 상태의 식품은 계량기에 꼭꼭 눌러 담은 다음 윗면이 수평이 되도록 스파튤러로 깎아서 잰다.
③ 액체식품은 투명한 계량용기를 사용하여 계량컵으로 눈금과 눈높이를 맞추어서 계량한다.
④ 된장이나 다진 고기 등의 식품 재료는 계량기구에 눌러 담아 빈 공간이 없도록 채워서 깎아준다.

46 생밤이나 삶은 고기를 썰 때 모양 그대로 얇게 썰어 사용하는 한식조리의 썰기 방법은?

① 편썰기 ② 다지기
③ 채썰기 ④ 나박썰기

47 주방의 바닥조건으로 맞는 것은?

① 산이나 알칼리에 약하고 습기, 열에 강해야 한다.
② 바닥전체의 물매는 1/20이 적당하다.
③ 조리작업을 드라이 시스템화 할 경우의 물매는 1/100 정도가 적당하다.
④ 고무타일, 합성수지타일 등이 잘 미끄러지지 않으므로 적당하다.

답안 표기란	
43	① ② ③ ④
44	① ② ③ ④
45	① ② ③ ④
46	① ② ③ ④
47	① ② ③ ④

48 유지의 발연점이 낮아지는 원인이 아닌 것은?

① 유리지방산의 함량이 낮은 경우
② 튀김하는 그릇의 표면적이 넓은 경우
③ 기름에 이물질이 많이 들어 있는 경우
④ 오래 사용하여 기름이 지나치게 산패된 경우

49 고기를 연화시키기 위해 첨가하는 식품과 단백질 분해효소가 맞게 연결된 것은?

① 배 – 파파인(papain)
② 키위 – 피신(ficin)
③ 무화과 – 액티니딘(actinidin)
④ 파인애플 – 브로멜린(bromelin)

50 냉동식품의 해동에 관한 설명으로 틀린 것은?

① 비닐봉지에 넣어 50℃ 이상의 물속에 빨리 해동시키는 것이 이상적인 방법이다.
② 생선의 냉동품은 반 정도 해동하여 조리하는 것이 안전하다.
③ 냉동식품을 완전 해동하지 않고 직접 가열하면 효소나 미생물에 의한 변질의 염려가 적다.
④ 일단 해동된 식품은 더 쉽게 변질되므로 필요한 양만큼만 해동하여 사용한다.

51 육류조리에 대한 설명으로 맞는 것은?

① 목심, 양지, 사태는 건열조리에 적당하다.
② 안심, 등심, 염통, 콩팥은 습열조리에 적당하다.
③ 편육은 고기를 냉수에서 끓이기 시작한다.
④ 탕류는 고기를 찬물에 넣고 끓이며, 끓기 시작하면 약한 불에서 끓인다.

답안 표기란

48	① ② ③ ④
49	① ② ③ ④
50	① ② ③ ④
51	① ② ③ ④

52 식혜를 만들 때 당화 온도를 50~60℃ 정도로 하는 이유는?
① 엿기름을 호화시키기 위하여
② 프티알린의 작용을 활발하게 하기 위하여
③ 아밀라아제의 작용을 활발하게 하기 위하여
④ 밥알을 노화시키기 위하여

53 유화(emulsion)의 관련이 적은 식품은?
① 버터 ② 마요네즈
③ 두부 ④ 우유

54 식품을 삶는 방법에 대한 설명으로 틀린 것은?
① 연근을 엷은 식초 물에 삶으면 하얗게 삶아진다.
② 가지를 백반이나 철분이 녹아있는 물에 삶으면 색이 안정된다.
③ 완두콩은 황산구리를 적당량 넣은 물에 삶으면 푸른빛이 고정된다.
④ 시금치를 저온에서 오래 삶으면 비타민 C의 손실이 적다.

55 높은 열량을 공급하고, 수용성 영양소의 손실이 가장 적은 조리방법은?
① 삶기 ② 끓이기
③ 찌기 ④ 튀기기

한식조리

56 다달이 먹는 명절 음식을 무엇이라고 하는가?
① 일상식 ② 의례음식
③ 절식 ④ 시식

답안 표기란	
52	① ② ③ ④
53	① ② ③ ④
54	① ② ③ ④
55	① ② ③ ④
56	① ② ③ ④

57 육수를 조리할 때 주의사항으로 바르지 않은 것은?

① 육수통은 알루미늄 통을 사용하는 것이 좋다.
② 찬물에서 처음부터 재료를 넣고 끓여야 맛있는 성분이 용출된다.
③ 거품에 맛 성분이 있어 끓이면서 거품을 걷어낼 필요는 없다.
④ 끓기 시작하면 약한 불로 줄여 오랜 시간 은근히 끓인다.

58 음식의 종류에 따라 그릇에 보기 좋게 담는 양을 정할 때 탕이나 찌개는 식기의 어느 정도 양을 담는가?

① 20~30%　② 40~50%
③ 70~80%　④ 100%

59 불림(수침)의 목적으로 잘못된 것은?

① 조리시간이 단축된다.
② 부드러운 식품에 탄력있는 식감을 제공한다.
③ 식물성 식품의 변색을 방지한다.
④ 불미성분을 제거한다.

60 흔히 불고기라고 하며 궁중음식으로 소고기를 저며서 양념장에 재어 두었다가 구운 음식은 무엇인가?

① 갈비구이　② 너비아니
③ 장포육　④ 생치구이

답안 표기란

57	① ② ③ ④
58	① ② ③ ④
59	① ② ③ ④
60	① ② ③ ④

한식조리기능사 필기 모의고사 ❹

수험번호 :

수험자명 :

제한 시간 : 60분
남은 시간 : 60분

글자 크기   

화면 배치 

전체 문제 수 : 60
안 푼 문제 수 :

답안 표기란

1 ① ② ③ ④
2 ① ② ③ ④
3 ① ② ③ ④
4 ① ② ③ ④

음식 위생관리

1 다음 중 식품 부패의 주원인은?

① 건조 ② 미생물
③ 냉동 ④ 냉장

2 다음 중 크기가 가장 작으면서 조직의 세포 안에 기생하여 암까지도 유발시키는 것은?

① 장티푸스균 ② 폐렴균
③ 바이러스균 ④ 리케차

3 곡물 저장 시 수분의 함량에 따라 미생물의 발육정도가 달라진다. 미생물에 의한 변패를 억제하기 위해 수분함량을 몇 %로 저장하여야 하는가?

① 13% 이하 ② 18% 이하
③ 25% 이하 ④ 40% 이하

4 채소로 감염되는 기생충으로 짝지어진 것은?

① 편충, 동양모양선충
② 폐흡충, 회충
③ 구충, 선모충
④ 회충, 무구조충

5 다음 중 가열하지 않고 기구를 소독할 수 있는 방법은?

① 화염멸균법　　② 간헐멸균법
③ 자외선멸균법　　④ 저온살균법

6 식품의 보존료가 아닌 것은?

① 데히드로초산　　② 소르빈산
③ 안식향산　　④ 아스파탐

7 만성중독 시 비점막염증, 피부궤양, 비중격천공 등의 증상을 나타내는 것은?

① 수은　　② 벤젠
③ 카드뮴　　④ 크롬

8 세균성 식중독의 가장 대표적인 증상은?

① 요통　　② 시력장애
③ 두통　　④ 급성위장염

9 일반 가열조리법으로 예방하기 가장 어려운 식중독은?

① 살모넬라에 의한 식중독
② 웰치균에 의한 식중독
③ 포도상구균에 의한 식중독
④ 병원성 대장균에 의한 식중독

답안 표기란				
5	①	②	③	④
6	①	②	③	④
7	①	②	③	④
8	①	②	③	④
9	①	②	③	④

10 다음 중 복어 중독의 독성분이 가장 많이 들어 있는 부분은?

① 껍질 ② 난소
③ 지느러미 ④ 근육

11 단백질이 탈탄산 반응에 의해 생성되어 알레르기성 식중독의 원인이 되는 물질은?

① 암모니아 ② 아민류
③ 지방산 ④ 알코올류

12 장염비브리오 식중독 예방법으로 가장 옳은 것은?

① 어패류를 바닷물로 씻는다.
② 먹기 전에 반드시 가열한다.
③ 식품을 실온에서 보관한다.
④ 내장을 제거하지 않는다.

13 다음 중 식품위생법상 판매가 금지된 식품이 아닌 것은?

① 병원미생물에 의하여 오염되어 인체의 건강을 해할 우려가 있는 식품
② 영업신고 또는 허가를 받지 않은 자가 제조한 식품
③ 안전성평가를 받아 식용으로 적합한 유전자 재조합 식품
④ 썩었거나 상하였거나 설익은 것으로 인체의 건강을 해할 우려가 있는 식품

14 식품접객업 중 주로 주류를 조리·판매하는 영업으로서 유흥종사자를 두지 않고 손님이 노래를 부르는 행위가 허용되는 영업은?

① 휴게음식점영업 ② 일반음식점영업
③ 단란주점영업 ④ 유흥주점영업

답안 표기란

10	① ② ③ ④
11	① ② ③ ④
12	① ② ③ ④
13	① ② ③ ④
14	① ② ③ ④

답안 표기란

15	①	②	③	④
16	①	②	③	④
17	①	②	③	④
18	①	②	③	④
19	①	②	③	④

15 조리사 면허취소에 해당하지 않는 것은?

① 식중독이나 그밖에 위생과 관련한 중대한 사고 발생에 직무상의 책임이 있는 경우
② 면허를 타인에게 대여하여 사용하게 한 경우
③ 조리사가 마약이나 그 밖의 약물에 중독이 된 경우
④ 조리사 면허의 취소처분을 받고 그 취소된 날부터 2년이 지나지 아니한 경우

16 사람이 예방접종을 통하여 얻는 면역은?

① 선천면역
② 자연수동면역
③ 자연능동면역
④ 인공능동면역

17 음식물이나 식수에 오염되어 경구적으로 침입되는 감염병이 아닌 것은?

① 유행성 이하선염
② 파라티푸스
③ 세균성 이질
④ 폴리오

18 감수성지수(접촉감염지수)가 가장 높은 감염병은?

① 폴리오
② 홍역
③ 백일해
④ 디프테리아

19 역학의 목적으로 옳지 않은 것은?

① 질병의 예방을 위하여 질병 발생을 결정하는 요인 규명
② 보건의료의 기획과 평가를 위한 자료 제공
③ 경제 연구에서의 활용
④ 질병의 측정과 유행 발생의 감시

20 HACCP제도의 7원칙 중 원칙 4단계에 해당하는 것은?

① 모니터링 방법의 설정
② 중요관리점 확인
③ 위해분석
④ 기록유지설정

21 역성비누를 보통비누와 함께 사용할 때 올바른 방법은?

① 보통비누로 먼저 때를 씻어낸 후 역성비누를 사용
② 보통비누와 역성비누를 섞어서 거품을 내며 사용
③ 역성비누를 먼저 사용한 후 보통비누 사용
④ 역성비누와 보통비누의 사용 순서는 무관하게 사용

22 자외선의 작용과 거리가 먼 것은?

① 피부암 유발 ② 안구진탕증 유발
③ 살균 작용 ④ 비타민 D 형성

23 상수를 정수하는 일반적인 순서는?

① 침전 → 여과 → 소독
② 예비처리 → 본처리 → 오니처리
③ 예비처리 → 여과처리 → 소독
④ 예비처리 → 침전 → 여과 → 소독

24 동물과 관련된 감염병의 연결이 틀린 것은?

① 소 – 결핵
② 고양이 – 디프테리아
③ 개 – 광견병
④ 쥐 – 페스트

답안 표기란

20	①	②	③	④
21	①	②	③	④
22	①	②	③	④
23	①	②	③	④
24	①	②	③	④

25 산업재해 지표와 관련이 적은 것은?

① 건수율 ② 이환율
③ 도수율 ④ 강도율

음식 안전관리

26 다음 중 안전관리에 대한 설명이 바른 것은 무엇인가?

① 난로는 불을 붙인 채 기름을 넣는 것이 좋다.
② 조리실 바닥의 음식찌꺼기는 모아 두었다 한꺼번에 치운다.
③ 떨어지는 칼은 위생을 생각하여 즉시 잡도록 한다.
④ 깨진 유리를 버릴 때는 '깨진 유리'라는 표시를 해서 버린다.

음식 재료관리

27 우리 몸 안에서 수분의 작용을 바르게 설명한 것은?

① 영양소를 운반하는 작용을 한다.
② 5대 영양소에 속하는 영양소이다.
③ 높은 열량을 공급하여 추위를 막을 수 있다.
④ 호르몬의 주요 구성 성분이다.

28 당질의 기능에 대한 설명 중 틀린 것은?

① 당질은 평균 1g당 4kcal를 공급한다.
② 혈당을 유지한다.
③ 단백질 절약작용을 한다.
④ 당질은 섭취가 부족해도 체내 대사의 조절에는 큰 영향이 없다.

29 게, 가재, 새우 등의 껍질에 다량 함유된 키틴(chitin)의 구성 성분은?

① 다당류 ② 단백질
③ 지방질 ④ 무기질

답안 표기란

25	① ② ③ ④
26	① ② ③ ④
27	① ② ③ ④
28	① ② ③ ④
29	① ② ③ ④

30 다음 당류 중 단맛이 가장 강한 당은?

① 과당 ② 설탕
③ 포도당 ④ 맥아당

31 중성지방의 구성 성분은?

① 탄소와 질소
② 아미노산
③ 지방산과 글리세롤
④ 포도당과 지방산

32 필수아미노산만으로 짝지어진 것은?

① 트립토판, 메티오닌
② 트립토판, 글리신
③ 리신, 글루타민산
④ 루신, 알라닌

33 햇볕에 노출하여 자외선을 쪼이게 되면 피부에서 합성되는 비타민은?

① 비타민 A ② 비타민 B
③ 비타민 C ④ 비타민 D

34 감칠맛 성분과 소재식품의 연결이 잘못된 것은?

① 베타인(betaine) – 오징어, 새우
② 크레아티닌(creatinine) – 어류, 육류
③ 카르노신(carnosine) – 육류, 어류
④ 타우린(taurine) – 버섯, 죽순

35 소고기를 가열하였을 때 생성되는 근육색소는?

① 헤모글로빈(hemoglobin)
② 미오글로빈(myoglobin)
③ 옥시헤모글로빈(oxyhemoglobin)
④ 메트미오글로빈(metmyoglobin)

답안 표기란	
30	① ② ③ ④
31	① ② ③ ④
32	① ② ③ ④
33	① ② ③ ④
34	① ② ③ ④
35	① ② ③ ④

36 감자는 껍질을 벗겨 두면 색이 변화되는데 이를 막기 위한 방법은?

① 물에 담근다.
② 냉장고에 보관한다.
③ 냉동시킨다.
④ 공기 중에 방치한다.

37 다음 중 담즙의 기능이 아닌 것은?

① 산의 중화작용
② 유화작용
③ 당질의 소화
④ 약물 및 독소 등의 배설작용

음식 구매관리

38 일정 기간 내에 기업의 경영활동으로 발생한 경제가치의 소비액을 의미하는 것은?

① 손익
② 비용
③ 감가상각비
④ 이익

39 미역국을 끓일 때 1인분에 사용되는 재료와 필요량, 가격이 아래와 같다면 미역국 10인분에 필요한 재료비는?(단, 총 조미료의 가격 70원은 1인분 기준임)

재료	필요량(g)	가격(원/100g당)
미역	20	150
쇠고기	60	850
총 조미료	–	70(1인분)

① 610원
② 6,100원
③ 870원
④ 8,700원

답안 표기란

36	① ② ③ ④
37	① ② ③ ④
38	① ② ③ ④
39	① ② ③ ④

40 식품을 고를 때 채소류의 감별법으로 틀린 것은?

① 오이는 굵기가 고르며 만졌을 때 가시가 있고 무거운 느낌이 나는 것이 좋다.
② 당근은 일정한 굵기로 통통하고 마디나 뿔이 없는 것이 좋다.
③ 양배추는 가볍고 잎이 얇으며 신선하고 광택이 있는 것이 좋다.
④ 우엉은 껍질이 매끈하고 수염뿌리가 없는 것으로 굵기가 일정한 것이 좋다.

41 시장조사의 원칙이 아닌 것은?

① 비용 소비성의 원칙
② 조사 적시성의 원칙
③ 조사 계획성의 원칙
④ 조사 정확성의 원칙

한식 기초 조리실무

42 냉동시켰던 소고기를 해동하니 드립(drip)이 많이 발생했을 때 다음 중 가장 관계 깊은 것은?

① 단백질의 변성
② 탄수화물의 호화
③ 지방의 산패
④ 무기질의 분해

43 해조류에서 추출한 성분으로 식품에 점성을 주고 안정제, 유화제로서 널리 이용되는 것은?

① 알긴산(alginic acid)
② 펙틴(pectin)
③ 젤라틴(gelatin)
④ 이눌린(inulin)

답안 표기란	
40	① ② ③ ④
41	① ② ③ ④
42	① ② ③ ④
43	① ② ③ ④

44 젤라틴과 한천에 관한 설명으로 틀린 것은?

① 한천은 보통 28~35℃에서 응고되는데 온도가 낮을수록 빨리 굳는다.
② 한천은 식물성 급원이다.
③ 젤라틴은 젤리, 양과자 등에서 응고제로 쓰인다.
④ 젤라틴에 생파인애플을 넣으면 단단하게 응고한다.

45 겨자를 갤 때 매운맛을 가장 강하게 느낄 수 있는 온도는?

① 20~25℃
② 30~35℃
③ 40~45℃
④ 50~55℃

46 완숙한 계란의 난황 주위가 변색하는 경우를 잘못 설명한 것은?

① 난백의 유황과 난황의 철분이 결합하여 황화철(FeS)을 형성하기 때문이다.
② pH가 산성일 때 더 신속히 일어난다.
③ 신선한 계란에서는 변색이 거의 일어나지 않는다.
④ 오랫동안 가열하여 그대로 두었을 때 많이 일어난다.

47 생선의 조리방법에 관한 설명으로 옳은 것은?

① 선도가 낮은 생선은 양념을 담백하게 하고 뚜껑을 닫고 잠깐 끓인다.
② 지방함량이 높은 생선보다는 낮은 생선으로 구이를 하는 것이 풍미가 더 좋다.
③ 생선조림은 오래 가열해야 단백질이 단단하게 응고되어 맛이 좋아진다.
④ 양념간장이 끓을 때 생선을 넣어야 맛 성분의 유출을 막을 수 있다.

답안 표기란

44	① ② ③ ④
45	① ② ③ ④
46	① ② ③ ④
47	① ② ③ ④

48 고기의 질감을 연하게 하는 단백질 분해 효소와 가장 거리가 먼 것은?

① 파파인(papain)
② 브로멜린(bromelain)
③ 펩신(pepsin)
④ 글리코겐(glycogen)

49 버터 대용품으로 생산되고 있는 식물성 유지는?

① 쇼트닝
② 마가린
③ 마요네즈
④ 땅콩버터

50 과실의 젤리화 3요소와 관계없는 것은?

① 젤라틴
② 당
③ 펙틴
④ 산

51 다음 중 두부의 응고제가 아닌 것은?

① 염화마그네슘($MgCl_2$)
② 황산칼슘($CaSO_4$)
③ 염화칼슘($CaCl_2$)
④ 탄산칼륨(K_2CO_3)

52 전분의 변화에 대한 설명으로 옳은 것은?

① 호정화란 전분에 물을 넣고 가열시켜 전분입자가 붕괴되고 미셀 구조가 파괴되는 것이다.
② 호화란 전분을 묽은 산이나 효소로 가수분해시키거나 수분이 없는 상태에서 160~170℃로 가열하는 것이다.
③ 전분의 노화를 방지하려면 호화전분을 0℃ 이하로 급속 동결시키거나 수분을 15% 이하로 감소시킨다.
④ 아밀로오스의 함량이 많은 전분이 아밀로펙틴이 많은 전분보다 노화되기 어렵다.

답안 표기란	
48	① ② ③ ④
49	① ② ③ ④
50	① ② ③ ④
51	① ② ③ ④
52	① ② ③ ④

답안 표기란
53 ① ② ③ ④
54 ① ② ③ ④
55 ① ② ③ ④
56 ① ② ③ ④

53 "당면은 감자, 고구마, 녹두 가루에 첨가물을 혼합, 성형하여 ( )한 후 건조, 냉각하여 ( )시킨 것으로 반드시 열을 가해 ( ) 하여 먹는다." ( )에 알맞은 용어가 순서대로 나열된 것은?

① α화 – β화 – α화
② α화 – α화 – β화
③ β화 – β화 – α화
④ β화 – α화 – β화

54 다음 〈보기〉의 조리과정은 공통적으로 어떠한 목적을 달성하기 위하여 수행하는 것인가?

> **보기**
> • 팬에서 오이를 볶은 후 즉시 접시에 펼쳐놓는다.
> • 시금치를 데칠 때 뚜껑을 열고 데친다.
> • 쑥을 데친 후 즉시 찬물에 담근다.

① 비타민 A의 손실을 최소화하기 위함이다.
② 비타민 C의 손실을 최소화하기 위함이다.
③ 클로로필의 변색을 최소화하기 위함이다.
④ 안토시아닌의 변색을 최소화하기 위함이다.

55 생선의 신선도가 저하되었을 때의 변화로 틀린 것은?

① 살이 물러지고 뼈와 쉽게 분리된다.
② 표피의 비늘이 떨어지거나 잘 벗겨진다.
③ 아가미의 빛깔이 선홍색으로 단단하여 꽉 닫혀있다.
④ 휘발성 염기 물질이 생성된다.

한식조리

56 정월대보름에 먹는 음식이 아닌 것은?

① 오곡밥
② 묵은 나물
③ 편육
④ 부럼

답안 표기란

57 ① ② ③ ④
58 ① ② ③ ④
59 ① ② ③ ④
60 ① ② ③ ④

57 **고명의 종류에 따른 조리법으로 바르지 않은 것은?**

① 달걀은 알끈을 제거하고 흰자, 노른자를 섞어 양면으로 지져서 사용한다.
② 고추류는 씨를 제거하고 채나 골패형으로 잘라서 사용한다.
③ 호두는 더운물에 잠시 담가 속껍질을 벗겨 사용한다.
④ 잣은 고깔을 떼어낸 후 반으로 자르거나 가루로 사용한다.

58 **김치를 담는 전통 그릇은?**

① 탕기 ② 조치보
③ 보시기 ④ 쟁첩

59 **뼈나 살코기, 내장을 푹 고아 만든 국은?**

① 토장국 ② 곰국
③ 냉국 ④ 맑은 장국

60 **전을 만들 때 달걀흰자와 전분을 사용해야 하는 경우는?**

① 반죽이 너무 묽어 전의 모양이 형성되지 않을 때
② 전을 도톰하게 만들고 딱딱하지 않고 부드럽게 하고자 할 때
③ 점성을 높이고자 할 때
④ 전이 넓게 처지게 될 때

한식조리기능사 필기 모의고사 ❺

수험번호 :

수험자명 :

제한 시간 : 60분
남은 시간 : 60분

글자 크기   100% 150% 200%

화면 배치 

전체 문제 수 : 60
안 푼 문제 수 :

답안 표기란

1 ① ② ③ ④
2 ① ② ③ ④
3 ① ② ③ ④
4 ① ② ③ ④

음식 위생관리

1 다음 중 위생 지표세균에 속하는 것은?

① 리조푸스균 ② 캔디다균
③ 대장균 ④ 페니실리움균

2 폐흡충증의 제1, 2중간숙주가 순서대로 옳게 나열된 것은?

① 왜우렁이, 붕어
② 다슬기, 참게
③ 물벼룩, 가물치
④ 왜우렁이, 송어

3 용어에 대한 설명 중 바르지 않은 것은?

① 소독 : 병원성 세균을 제거하거나 감염력을 없애는 것
② 멸균 : 모든 세균을 제거하는 것
③ 방부 : 모든 세균을 완전히 제거하여 부패를 방지하는 것
④ 자외선 살균 : 살균력이 가장 큰 250~260nm의 파장을 써서 미생물을 제거하는 것

4 금속부식성이 강하고, 단백질과 결합하여 침전이 일어나므로 주의를 요하며 소독 시 0.1% 정도의 농도를 사용하는 소독약은?

① 석탄산 ② 승홍
③ 크레졸 ④ 알코올

5 식품첨가물의 사용목적이 아닌 것은?

① 변질, 부패방지
② 관능개선
③ 질병예방
④ 품질개량, 유지

6 다음 중 국내에서 허가된 인공감미료는?

① 둘신
② 사카린나트륨
③ 사이클라민산나트륨
④ 에틸렌글리콜

7 세균성 식중독의 일반적인 특성으로 틀린 것은?

① 주요 증상은 두통, 구역질, 구토, 복통, 설사이다.
② 살모넬라균, 장염비브리오균, 포도상구균 등이 원인이다.
③ 감염 후 면역성이 획득된다.
④ 발병하는 식중독의 대부분은 세균에 의한 세균성 식중독이다.

8 세균의 장독소에 의해 유발되는 식중독은?

① 황색포도상구균 식중독
② 살모넬라 식중독
③ 복어 식중독
④ 장염비브리오 식중독

9 주로 부패한 감자에 생성되어 중독을 일으키는 물질은?

① 셉신
② 아미그달린
③ 시큐톡신
④ 마이코톡신

답안 표기란

5	① ② ③ ④
6	① ② ③ ④
7	① ② ③ ④
8	① ② ③ ④
9	① ② ③ ④

10 화학물질에 의한 식중독의 원인물질과 거리가 먼 것은?

① 제조과정 중에 혼합되는 유해중금속
② 기구, 용기, 포장, 재료에서 용출 이행하는 유해물질
③ 식품자체에 함유되어 있는 동식물성 유해물질
④ 제조, 가공 및 저장 중에 혼입된 유해약품류

11 식품 등의 표시기준을 수록한 식품 등의 공전을 작성·보급하여야 하는 자는?

① 식품의약품안전처장
② 보건소장
③ 시·도지사
④ 식품위생감시원

12 식품위생감시원의 직무가 아닌 것은?

① 수입·판매 또는 사용 등이 금지된 식품 등의 취급 여부에 관한 단속
② 영업자의 법령 이행 여부에 관한 확인·지도
③ 위생사의 위생교육에 관한 사항
④ 식품 등의 압류·폐기 등에 관한 사항

13 조리사가 타인에게 면허를 대여하여 사용하게 한 때 1차 위반 시 행정처분기준은?

① 업무정지 1월 ② 업무정지 2월
③ 업무정지 3월 ④ 면허취소

14 수인성 감염병의 특징을 설명한 것 중 틀린 것은?

① 단시간에 다수의 환자가 발생한다.
② 환자의 발생은 그 급수지역과 관계가 깊다.
③ 발생률이 남녀노소, 성별, 연령별로 차이가 크다.
④ 오염원의 제거로 일시에 종식될 수 있다.

답안 표기란	
10	① ② ③ ④
11	① ② ③ ④
12	① ② ③ ④
13	① ② ③ ④
14	① ② ③ ④

15 환경위생을 철저히 함으로서 예방 가능한 감염병은?

① 콜레라　　② 풍진
③ 백일해　　④ 홍역

16 우리나라에서 출생 후 가장 먼저 인공능동면역을 실시하는 것은?

① 파상풍　　② 결핵
③ 백일해　　④ 홍역

17 다음 중 DPT 예방접종과 관계가 없는 감염병은?

① 페스트　　② 디프테리아
③ 백일해　　④ 파상풍

18 감염병과 발생원인의 연결이 틀린 것은?

① 장티푸스 – 파리
② 일본뇌염 – 큐렉스속 모기
③ 임질 – 직접 감염
④ 유행성 출혈열 – 중국얼룩날개 모기

19 위생복장을 착용할 때 머리카락과 머리의 분비물들로 인한 음식오염을 방지하고 위생적인 작업을 진행할 수 있도록 반드시 착용해야 하는 것은?

① 위생복　　② 안전화
③ 머플러　　④ 위생모

답안 표기란	
15	① ② ③ ④
16	① ② ③ ④
17	① ② ③ ④
18	① ② ③ ④
19	① ② ③ ④

20 HACCP에 대한 설명으로 틀린 것은?

① 어떤 위해를 미리 예측하여 그 위해요인을 사전에 파악하는 것이다.
② 위해방지를 위한 사전 예방적 식품안전관리체계를 말한다.
③ 미국, 일본, 유럽연합, 국제기구(Codex, WHO) 등에서도 모든 식품에 HACCP을 적용할 것을 권장하고 있다.
④ HACCP 12절차의 첫 번째 단계는 위해요소 분석이다.

21 쓰레기 처리방법 중 미생물까지 사멸할 수는 있으나 대기오염을 유발할 수 있는 것은?

① 소각법 ② 투기법
③ 매립법 ④ 재활용법

22 공중보건 사업의 최소단위가 되는 것은?

① 가족 ② 국가
③ 개인 ④ 지역사회

23 규폐증에 대한 설명으로 틀린 것은?

① 먼지 입자의 크기가 0.5~5.0㎛일 때 잘 발생한다.
② 대표적인 진폐증이다.
③ 납중독, 벤젠중독과 함께 3대 직업병이라 하기도 한다.
④ 위험요인에 노출된 근무 경력이 1년 이후에 잘 발생한다.

음식 안전관리

24 응급처치의 목적으로 알맞지 않은 것은?

① 생명을 유지시키고 더 이상의 상태악화를 방지
② 사고발생 예방과 피해 심각도를 억제하기 위한 조치
③ 다친 사람이나 급성질환자에게 사고현장에서 즉시 취하는 조치
④ 건강이 위독한 환자에게 전문적인 의료가 실시되기 전에 긴급히 실시

답안 표기란

20	① ② ③ ④
21	① ② ③ ④
22	① ② ③ ④
23	① ② ③ ④
24	① ② ③ ④

음식 재료관리

25 다음 각 영양소와 그 소화효소의 연결이 옳은 것은?

① 무기질 – 트립신(trypsin)
② 지방 – 아밀라아제(amylase)
③ 단백질 – 리파아제(lipase)
④ 당질 – 프티알린(ptyalin)

26 간장이나 된장의 착색은 주로 어떤 반응이 관계하는가?

① 아미노카르보닐(aminocarbonyl) 반응
② 캐러멜(caramel)화 반응
③ 아스코르빈산(ascorbic acid) 산화반응
④ 페놀(phenol) 산화반응

27 스파게티와 국수 등에 이용되는 문어나 오징어 먹물의 색소는?

① 타우린(taurine)
② 멜라닌(melanin)
③ 미오글로빈(myoglobin)
④ 히스타민(histamine)

28 흰색 야채의 경우 흰색을 그대로 유지할 수 있는 방법으로 옳은 것은?

① 야채를 데친 후 곧바로 찬물에 담가둔다.
② 약간의 식초를 넣어 삶는다.
③ 야채를 물에 담가 두었다가 삶는다.
④ 약간의 중조를 넣어 삶는다.

29 카로티노이드(carotenoid) 색소와 소재 식품의 연결이 틀린 것은?

① 베타카로틴(β–carotene) – 당근, 녹황색 채소
② 라이코펜(lycopene) – 토마토, 수박
③ 아스타산틴(astaxanthin) – 감, 옥수수, 난황
④ 푸코크산틴(fucoxanthin) – 다시마, 미역

답안 표기란

25	① ② ③ ④
26	① ② ③ ④
27	① ② ③ ④
28	① ② ③ ④
29	① ② ③ ④

30 다음 식품 중 이소티오시아네이트(isothiocyanates) 화합물에 의해 매운맛을 내는 것은?

① 양파 ② 겨자
③ 마늘 ④ 후추

31 칼슘(Ca)의 기능이 아닌 것은?

① 골격, 치아의 구성
② 혈액의 응고작용
③ 헤모글로빈의 생성
④ 신경의 전달

32 다음 중 물에 녹는 비타민은?

① 레티놀 ② 토코페롤
③ 리보플라빈 ④ 칼시페롤

33 한국인 영양섭취기준(KDRIs)의 구성요소가 아닌 것은?

① 평균필요량 ② 권장섭취량
③ 하한섭취량 ④ 충분섭취량

음식 구매관리

34 잔치국수 100그릇을 만드는 재료내역이 아래 표와 같을 때 한 그릇의 재료비는 얼마인가?(단, 폐기율은 0%로 가정하고 총 양념비는 100그릇에 필요한 양념의 총액을 의미한다.)

구분	100그릇의 양(g)	100g당 가격(원)
건국수	8,000	200
쇠고기	5,000	1,400
애호박	5,000	80
달걀	7,000	90
총 양념비	–	7,000(100그릇)

① 1,000원 ② 1,125원
③ 1,033원 ④ 1,200원

답안 표기란

30	①	②	③	④
31	①	②	③	④
32	①	②	③	④
33	①	②	③	④
34	①	②	③	④

35 다음 중 비교적 가식부율이 높은 식품으로만 나열된 것은?

① 고구마, 동태, 파인애플
② 닭고기, 감자, 수박
③ 대두, 두부, 숙주나물
④ 고추, 대구, 게

36 검수를 위한 구비요건으로 바르지 않은 것은?

① 식품의 품질을 판단할 수 있는 지식, 능력, 기술을 지닌 검수 담당자를 배치
② 검수구역이 배달 구역 입구, 물품저장소(냉장고, 냉동고, 건조창고) 등과 최대한 떨어진 장소에 있어야 함
③ 검수시간은 공급업체와 협의하여 검수 업무를 혼란 없이 정확하게 수행할 수 있는 시간으로 정함
④ 검수할 때는 구매명세서, 구매청구서를 참조

37 총원가에 대한 설명으로 맞는 것은?

① 제조간접비와 직접원가의 합이다.
② 판매관리비와 제조원가의 합이다.
③ 판매관리비, 제조간접비, 이익의 합이다.
④ 직접재료비, 직접노무비, 직접경비, 직접원가, 판매관리비의 합이다.

한식 기초 조리실무

38 전분에 물을 붓고 열을 가하여 70~75℃ 정도가 되면 전분입자는 크게 팽창하여 점성이 높은 반투명의 콜로이드 상태가 되는 현상은?

① 전분의 호화
② 전분의 노화
③ 전분의 호정화
④ 전분의 결정

답안 표기란

35	① ② ③ ④
36	① ② ③ ④
37	① ② ③ ④
38	① ② ③ ④

39 호화와 노화에 관한 설명 중 틀린 것은?

① 전분의 가열온도가 높을수록 호화시간이 빠르며, 점도는 낮아진다.
② 전분입자가 크고 지질함량이 많을수록 빨리 호화된다.
③ 수분함량이 0~60%, 온도가 0~4℃일 때 전분의 노화는 쉽게 일어난다.
④ 60℃ 이상에서는 노화가 잘 일어나지 않는다.

40 현미란 무엇을 벗겨낸 것인가?

① 과피와 종피
② 겨층
③ 겨층과 배아
④ 왕겨층

41 밥 짓기 과정의 설명으로 옳은 것은?

① 쌀을 씻어서 2~3시간 푹 불리면 맛이 좋다.
② 햅쌀은 묵은 쌀보다 물을 약간 적게 붓는다.
③ 쌀은 80~90℃에서 호화가 시작된다.
④ 묵은 쌀인 경우 쌀 중량의 약 2.5배 정도의 물을 붓는다.

42 곡류에 관한 설명으로 옳은 것은?

① 강력분은 글루텐의 함량이 13% 이상으로 케이크 제조에 알맞다.
② 박력분은 글루텐의 함량이 10% 이하로 과자, 비스킷 제조에 알맞다.
③ 보리의 고유한 단백질은 오리제닌이다.
④ 압맥, 할맥은 소화율을 저하시킨다.

43 두류에 대한 설명으로 적합하지 않은 것은?

① 콩을 익히면 단백질 소화율과 이용률이 더 높아진다.
② 1%의 소금물에 담갔다가 그 용액에 삶으면 연화가 잘 된다.
③ 콩에는 거품의 원인이 되는 사포닌이 들어있다.
④ 콩의 주요 단백질은 글루텐이다.

답안 표기란	
39	① ② ③ ④
40	① ② ③ ④
41	① ② ③ ④
42	① ② ③ ④
43	① ② ③ ④

44 근채류 중 생식하는 것보다 기름에 볶는 조리법을 적용하는 것이 좋은 식품은?

① 무
② 고구마
③ 토란
④ 당근

45 미생물을 이용하여 제조하는 식품이 아닌 것은?

① 김치
② 치즈
③ 잼
④ 고추장

46 발연점을 고려했을 때 튀김용으로 가장 적합한 기름은?

① 쇼트닝(유화제 첨가)
② 참기름
③ 대두유
④ 피마자유

47 육류 조리 시 열에 의한 변화로 맞는 것은?

① 불고기는 열의 흡수로 부피가 증가한다.
② 스테이크는 가열하면 질겨져서 소화가 잘 되지 않는다.
③ 미트로프(meat loaf)는 가열하면 단백질이 응고, 수축, 변성된다.
④ 소꼬리의 젤라틴이 콜라겐화된다.

48 분리된 마요네즈를 재생시키는 방법으로 가장 적합한 것은?

① 새로운 난황에 분리된 것을 조금씩 넣으며 한 방향으로 저어준다.
② 기름을 더 넣어 한 방향으로 빠르게 저어준다.
③ 레몬즙을 넣은 후 기름과 식초를 넣어 저어준다.
④ 분리된 마요네즈를 양쪽 방향으로 빠르게 저어준다.

답안 표기란	
44	① ② ③ ④
45	① ② ③ ④
46	① ② ③ ④
47	① ② ③ ④
48	① ② ③ ④

49 달걀의 열응고성에 대한 설명 중 옳은 것은?

① 식초는 응고를 지연시킨다.
② 소금은 응고 온도를 낮추어 준다.
③ 설탕은 응고 온도를 내려주어 응고물을 연하게 한다.
④ 온도가 높을수록 가열시간이 단축되어 응고물은 연해진다.

50 냉동보관에 대한 설명으로 틀린 것은?

① 냉동된 닭을 조리할 때 뼈가 검게 변하기 쉽다.
② 떡의 장시간 노화방지를 위해서는 냉동 보관하는 것이 좋다.
③ 급속 냉동 시 얼음 결정이 크게 형성되어 식품의 조직 파괴가 크다.
④ 서서히 동결하면 해동 시 드립(drip)현상을 초래하여 식품의 질을 저하시킨다.

51 많이 익은 김치(신김치)는 오래 끓여도 쉽게 연해지지 않는 이유는?

① 김치에 존재하는 소금에 의해 섬유소가 단단해지기 때문이다.
② 김치에 존재하는 소금에 의해 팽압이 유지되기 때문이다.
③ 김치에 존재하는 산에 의해 섬유소가 단단해지기 때문이다.
④ 김치에 존재하는 산에 의해 팽압이 유지되기 때문이다.

52 중조를 넣어 콩을 삶을 때 가장 문제가 되는 것은?

① 비타민 B_1의 파괴가 촉진됨
② 콩이 잘 무르지 않음
③ 조리수가 많이 필요함
④ 조리시간이 길어짐

답안 표기란	
49	① ② ③ ④
50	① ② ③ ④
51	① ② ③ ④
52	① ② ③ ④

53 **생선의 신선도를 판별하는 방법으로 틀린 것은?**

① 생선의 육질이 단단해 탄력성이 있는 것이 신선하다.
② 눈의 수정체가 투명하지 않고 아가미색이 어두운 것은 신선하지 않다.
③ 어체의 특유한 빛을 띠는 것이 신선하다.
④ 트리메틸아민(TMA)이 많이 생성된 것이 신선하다.

54 **우유를 가열할 때 용기 바닥이나 옆에 눌어붙은 것은 주로 어떤 성분인가?**

① 카제인(casein)
② 유청(whey) 단백질
③ 레시틴(lecithin)
④ 유당(lactose)

55 **동물성 식품의 색에 관한 설명 중 틀린 것은?**

① 식육의 붉은 색은 myoglobin과 hemoglobin에 의한 것이다.
② heme은 페로프로토포피린(ferroprotoporphyrin)과 단백질인 글로빈(globin) 결합된 복합 단백질이다.
③ myoglobin은 적자색이지만 공기와 오래 접촉하여 Fe로 산화되면 선홍색의 oxymyoglobin이 된다.
④ 아질산염으로 처리하면 가열에도 안정한 선홍색의 nitrosomyo globin이 된다.

한식조리

56 **오방색에 따른 한국음식의 고명 중 흰색을 나타내는 것은?**

① 오이 ② 실파
③ 은행 ④ 잣

답안 표기란	
53	① ② ③ ④
54	① ② ③ ④
55	① ② ③ ④
56	① ② ③ ④

답안 표기란	
57	① ② ③ ④
58	① ② ③ ④
59	① ② ③ ④
60	① ② ③ ④

57 도라지의 쓴맛을 제거하는 가장 올바른 방법은?

① 끓는 물에 데친다.
② 물에 담가서 우려낸 후 잘 주물러 씻는다.
③ 소금을 뿌린다.
④ 식초물에 담가둔다.

58 찌개를 담는 그릇은?

① 바리
② 보시기
③ 조치보
④ 대접

59 조림의 특징으로 틀린 것은?

① 고기, 생선, 감자 등을 간장에 조린 식품이다.
② 궁중에서는 조리개라고도 불리었다.
③ 생선조림을 할 때는 흰살 생선은 맛이 심심해 주로 고추장, 고춧가루로 풍미를 살려 조리한다.
④ 식품이 부드러워지고 양념의 맛 성분이 배어드는 조리법이다.

60 너비아니 구이를 할 때 유의할 점으로 틀린 것은?

① 너비아니 구이는 결 반대로 썰면 질기므로 결 방향으로 썬다.
② 배즙을 이용하면 너비아니의 연육작용을 돕는다.
③ 화력이 약하면 육즙이 흘러나오므로 중불 이상에서 굽는다.
④ 숯불을 이용하면 풍미가 증진된다.

한식조리기능사 필기 모의고사 ❻

수험번호 :
수험자명 :

제한 시간 : 60분
남은 시간 : 60분

글자 크기 100% 150% 200% | 화면 배치

전체 문제 수 : 60
안 푼 문제 수 :

답안 표기란

1	① ② ③ ④
2	① ② ③ ④
3	① ② ③ ④
4	① ② ③ ④
5	① ② ③ ④

음식 위생관리

1 세균 번식이 잘되는 식품과 가장 거리가 먼 것은?

① 온도가 적당한 식품
② 습기가 있는 식품
③ 영양분이 많은 식품
④ 산이 많은 식품

2 과실류, 채소류 등 식품의 살균 목적으로 사용되는 것은?

① 초산비닐수지
② 이산화염소
③ 규소수지
④ 차아염소산나트륨

3 우리나라에서 허가된 발색제가 아닌 것은?

① 아질산나트륨 ② 황산제일철
③ 질산칼륨 ④ 아질산칼륨

4 만성중독의 경우 반상치, 골경화증, 체중감소, 빈혈 등을 나타내는 물질은?

① 붕산 ② 불소
③ 승홍 ④ 포르말린

5 화학물질에 의한 식중독으로 일반 중독증상과 시신경의 염증으로 실명의 원인이 되는 물질은?

① 납 ② 수은
③ 메틸알코올 ④ 청산

6 **살모넬라에 대한 설명으로 틀린 것은?**

① 그람음성 간균으로 동식물계에 널리 분포하고 있다.
② 내열성이 강한 독소를 생성한다.
③ 발육 적온은 37℃이며 10℃ 이하에서는 거의 발육하지 않는다.
④ 살모넬라균에는 장티푸스를 일으키는 것도 있다.

7 **다음 중 식품안전관리인증기준(HACCP)을 수행하는 단계에 있어서 가장 먼저 실시하는 것은?**

① 중점관리점 규명
② 관리기준의 설정
③ 기록유지방법의 설정
④ 식품의 위해요소를 분석

8 **다음 중 일반적으로 사망률이 가장 높은 식중독은?**

① 살모넬라 식중독
② 장염비브리오 식중독
③ 클로스트리디움 보툴리늄 식중독
④ 포도상구균 식중독

9 **HACCP의 의무적용 대상 식품에 해당하지 않는 것은?**

① 빙과류 ② 비가열음료
③ 껌류 ④ 레토르트식품

10 **화학적 식중독에 대한 설명으로 틀린 것은?**

① 체내흡수가 빠르다.
② 중독량에 달하면 급성증상이 나타난다.
③ 체내분포가 느려 사망률이 낮다.
④ 소량의 원인물질 흡수로도 만성중독이 일어난다.

답안 표기란	
6	① ② ③ ④
7	① ② ③ ④
8	① ② ③ ④
9	① ② ③ ④
10	① ② ③ ④

11 식품위생법상의 식품이 아닌 것은?

① 비타민 C 약제　② 식용얼음
③ 유산균 음료　④ 채종유

12 노로바이러스에 대한 설명으로 틀린 것은?

① 발병 후 자연 치유되지 않는다.
② 크기가 매우 작고 구형이다.
③ 급성위장염을 일으키는 식중독 원인체이다.
④ 감염되면 설사, 복통, 구토 등의 증상이 나타난다.

13 중국에서 수입한 배추(절임 배추 포함)를 사용하여 국내에서 배추김치로 조리하여 판매하는 경우, 메뉴판 및 게시판에 표시하여야 하는 원산지 표시 방법은?

① 배추김치(중국산)
② 배추김치(배추 중국산)
③ 배추김치(국내산과 중국산을 섞음)
④ 배추김치(국내산)

14 소분업 판매를 할 수 있는 식품은?

① 전분　② 식용유지
③ 식초　④ 빵가루

15 식품위생법상 조리사를 두어야 하는 영업장은?

① 유흥주점　② 단란주점
③ 일반 레스토랑　④ 복어조리점

답안 표기란

11	①	②	③	④
12	①	②	③	④
13	①	②	③	④
14	①	②	③	④
15	①	②	③	④

16 쌀뜨물 같은 설사를 유발하는 경구감염병의 원인균은?

① 살모넬라균
② 포도상구균
③ 장염비브리오균
④ 콜레라균

17 다음 중 감염병을 관리하는 데 있어 가장 어려운 대상은?

① 급성감염병환자
② 만성감염병환자
③ 건강보균자
④ 식중독환자

18 곤충을 매개로 간접 전파되는 감염병과 가장 거리가 먼 것은?

① 재귀열
② 말라리아
③ 인플루엔자
④ 쯔쯔가무시병

19 자외선의 인체에 대한 작용으로 틀린 것은?

① 살균작용과 피부암을 유발한다.
② 체내에서 비타민 D를 생성시킨다.
③ 피부결핵이나 관절염에 유해하다.
④ 신진대사 촉진과 적혈구 생성을 촉진시킨다.

20 공기의 자정작용과 관계가 없는 것은?

① 희석작용
② 세정작용
③ 환원작용
④ 살균작용

답안 표기란	
16	① ② ③ ④
17	① ② ③ ④
18	① ② ③ ④
19	① ② ③ ④
20	① ② ③ ④

21 경구감염병으로 주로 신경계에 증상을 일으키는 것은?

① 폴리오
② 장티푸스
③ 콜레라
④ 세균성 이질

22 생선 및 육류의 초기부패 판정 시 지표가 되는 물질에 해당되지 않는 것은?

① 휘발성염기질소(VBN)
② 암모니아(ammonia)
③ 트리메틸아민(trimethylamine)
④ 아크롤레인(acrolein)

23 진동이 심한 작업을 하는 사람에게 국소진동 장애로 생길 수 있는 직업병은?

① 진폐증
② 파킨슨씨병
③ 잠함병
④ 레이노드병

음식 안전관리

24 위험도 경감의 원칙에서 핵심요소를 위해 고려해야 할 사항이 아닌 것은?

① 위험요인 제거
② 위험발생 경감
③ 사고피해 경감
④ 사고피해 치료

음식 재료관리

25 당류 가공품 중 결정형 캔디는?

① 퐁당(fondant)
② 캐러멜(caramel)
③ 마시멜로(marshmallow)
④ 젤리(jelly)

답안 표기란

21	① ② ③ ④
22	① ② ③ ④
23	① ② ③ ④
24	① ② ③ ④
25	① ② ③ ④

26 **건성유에 대한 설명으로 옳은 것은?**

① 고도의 불포화지방산 함량이 많은 기름이다.
② 포화지방산 함량이 많은 기름이다.
③ 공기 중에 방치해도 피막이 형성되지 않는 기름이다.
④ 대표적인 건성유는 올리브유와 낙화생유가 있다.

27 **비타민 A의 전구물질로 당근, 호박, 고구마, 시금치에 많이 들어 있는 성분은?**

① 안토시아닌 ② 카로틴
③ 리코펜 ④ 에르고스테롤

28 **녹색 채소 조리 시 중조($NaHCO_3$)를 가할 때 나타나는 결과에 대한 설명으로 틀린 것은?**

① 진한 녹색으로 변한다.
② 비타민 C가 파괴된다.
③ 페오피틴(pheophytin)이 생성된다.
④ 조직이 연화된다.

29 **아래의 안토시아닌(anthocyanin)의 화학적 성질에 대한 설명에서 ( ) 안에 알맞은 것을 순서대로 나열한 것은?**

보기	anthocyanin은 산성에서는 ( ), 중성에서는 ( ), 알칼리성에서는 ( )을 나타낸다.

① 적색 – 자색 – 청색
② 청색 – 적색 – 자색
③ 노란색 – 파란색 – 검정색
④ 검정색 – 파란색 – 노란색

30 **새우나 게 등의 갑각류에 함유되어 있으며 가열되면 적색을 띠는 색소는?**

① 안토시아닌(anthocyanin)
② 아스타산틴(astaxanthin)
③ 클로로필(chlorophyll)
④ 멜라닌(melanin)

답안 표기란

26	① ② ③ ④
27	① ② ③ ④
28	① ② ③ ④
29	① ② ③ ④
30	① ② ③ ④

31 효소적 갈변반응에 의해 색을 나타내는 식품은?

① 분말 오렌지　　② 간장
③ 캐러멜　　④ 홍차

32 침(타액)에 들어있는 소화효소의 작용은?

① 전분을 맥아당으로 변화시킨다.
② 단백질을 펩톤으로 분해시킨다.
③ 설탕을 포도당과 과당으로 분해시킨다.
④ 카제인을 응고시킨다.

33 한국인의 영양섭취기준에 의한 성인의 탄수화물 섭취량은 전체 열량의 몇 % 정도인가?

① 20~35%　　② 55~70%
③ 75~90%　　④ 90~100%

34 식품의 수분활성도(Aw)에 대한 설명으로 틀린 것은?

① 식품이 나타내는 수증기압과 순수한 물의 수증기압의 비를 말한다.
② 일반적인 식품의 Aw 값은 1보다 크다.
③ Aw의 값이 작을수록 미생물의 이용이 쉽지 않다.
④ 어패류의 Aw는 0.98~0.99 정도이다.

음식 구매관리

35 원가계산의 목적이 아닌 것은?

① 가격결정의 목적
② 원가관리의 목적
③ 예산편성의 목적
④ 기말재고량 측정의 목적

답안 표기란

31	① ② ③ ④
32	① ② ③ ④
33	① ② ③ ④
34	① ② ③ ④
35	① ② ③ ④

답안 표기란
36 ① ② ③ ④
37 ① ② ③ ④
38 ① ② ③ ④
39 ① ② ③ ④
40 ① ② ③ ④

36 식품구매 시 폐기율을 고려한 총 발주량을 구하는 식은?

① 총 발주량=(100－폐기율)×100×인원수
② 총 발주량=[(정미중량－폐기율)/(100－가식율)] × 100
③ 총 발주량=(1인당 사용량－폐기율)×인원수
④ 총 발주량=[정미중량/(100－폐기율)]×100×인원수

37 식품의 품질, 무게, 원산지가 주문 내용과 일치하는지 확인하고, 유통기한, 포장상태 및 운반차의 위생상태 등을 확인하는 것은?

① 구매관리
② 재고관리
③ 검수관리
④ 배식관리

38 어떤 음식의 직접원가는 500원, 제조원가는 800원, 총원가는 1,000원이다. 이 음식의 판매관리비는?

① 200원
② 300원
③ 400원
④ 500원

한식 기초 조리실무

39 전분의 노화에 영향을 미치는 인자의 설명 중 틀린 것은?

① 노화가 가장 잘 일어나는 온도는 0~5℃이다.
② 수분함량 10% 이하인 경우 노화가 잘 일어나지 않는다.
③ 다량의 수소이온은 노화를 저지한다.
④ 아밀로오스 함량이 많은 전분일수록 노화가 빨리 일어난다.

40 전분에 물을 가하지 않고 160℃ 이상으로 가열하면 가용성 전분을 거쳐 덱스트린으로 분해되는 반응은 무엇이며, 그 예로 바르게 짝지어진 것은?

① 호화 – 식빵
② 호화 – 미숫가루
③ 호정화 – 찐빵
④ 호정화 – 뻥튀기

41 **전통적인 식혜 제조방법에서 엿기름에 대한 설명이 잘못된 것은?**

① 엿기름의 효소는 수용성이므로 물에 담그면 용출된다.
② 엿기름을 가루로 만들면 효소가 더 쉽게 용출된다.
③ 엿기름 가루를 물에 담가 두면서 주물러 주면 효소가 더 빠르게 용출된다.
④ 식혜 제조에 사용되는 엿기름의 농도가 낮을수록 당화 속도가 빨라진다.

42 **밥 짓기에 대한 설명으로 가장 잘못된 것은?**

① 쌀을 미리 물에 불리는 것은 가열 시 열전도를 좋게 하여주기 위함이다.
② 밥물을 쌀 중량의 2.5배, 부피의 1.5배 정도 되도록 붓는다.
③ 쌀 전분이 완전히 알파화 되려면 98℃ 이상에서 20분 정도 걸린다.
④ 밥맛을 좋게 하기 위하여 0.03% 정도의 소금을 넣을 수 있다.

43 **대두에 관한 설명으로 틀린 것은?**

① 콩 단백질의 주요 성분인 글리시닌은 글로불린에 속한다.
② 아미노산의 조성은 메티오닌, 시스테인이 많고 리신, 트립토판이 적다.
③ 날콩에는 트립신 저해제가 함유되어 생식할 경우 단백질 효율을 저하시킨다.
④ 두유에 염화마그네슘이나 탄산칼슘을 첨가하여 단백질을 응고시킨 것이 두부이다.

44 **우엉의 조리에 관련된 내용으로 틀린 것은?**

① 우엉을 삶을 때 청색을 띠는 것은 독성 물질 때문이다.
② 껍질을 벗겨 공기 중에 노출하면 갈변된다.
③ 갈변현상을 막기 위해서는 물이나 1% 정도의 소금물에 담근다.
④ 우엉의 떫은맛은 탄닌, 클로로겐산 등의 페놀성분이 함유되어 있기 때문이다.

답안 표기란	
41	① ② ③ ④
42	① ② ③ ④
43	① ② ③ ④
44	① ② ③ ④

45 펙틴과 산이 적어 잼 제조에 가장 부적합한 과일은?

① 사과 ② 배
③ 포도 ④ 딸기

46 다음 중 유지의 산패에 영향을 미치는 인자에 대한 설명으로 맞는 것은?

① 저장 온도가 0℃ 이하가 되면 산패가 방지된다.
② 광선은 산패를 촉진하나 그 중 자외선은 산패에 영향을 미치지 않는다.
③ 구리, 철은 산패를 촉진하나 납, 알루미늄은 산패에 영향을 미치지 않는다.
④ 유지의 불포화도가 높을수록 산패가 활발하게 일어난다.

47 조리에서 후춧가루의 작용과 가장 거리가 먼 것은?

① 생선 비린내 제거
② 식욕 증진
③ 생선의 근육형태 변화방지
④ 육류의 누린내 제거

48 전분의 호화와 점성에 대한 설명 중 옳은 것은?

① 곡류는 서류보다 호화온도가 낮다.
② 전분의 입자가 클수록 빨리 호화된다.
③ 소금은 전분의 호화와 점도를 촉진시킨다.
④ 산 첨가는 가수분해를 일으켜 호화를 촉진시킨다.

49 달걀의 열응고성을 이용한 것은?

① 마요네즈 ② 엔젤 케이크
③ 커스터드 ④ 스펀지 케이크

답안 표기란	
45	① ② ③ ④
46	① ② ③ ④
47	① ② ③ ④
48	① ② ③ ④
49	① ② ③ ④

50 달걀을 삶은 직후 찬물에 넣어 식히면 노른자 주위에 암녹색의 황화철이 적게 생기는데 그 이유는?

① 찬물이 스며들어가 황을 희석시키기 때문에
② 황화수소가 난각을 통하여 외부로 발산되기 때문에
③ 찬물이 스며들어가 철분을 희석하기 때문에
④ 외부의 기압이 낮아 황과 철분이 외부로 빠져 나오기 때문에

51 육류조리에 대한 설명으로 틀린 것은?

① 탕 조리 시 찬물에 고기를 넣고 끓여야 추출물이 최대한 용출된다.
② 장조림 조리 시 간장을 처음부터 넣으면 고기가 단단해지고 잘 찢기지 않는다.
③ 편육 조리 시 찬물에 넣고 끓여야 잘 익고 고기 맛이 좋다.
④ 불고기용으로는 결합조직이 되도록 적은 부위가 적당하다.

52 동물이 도축된 후 화학변화가 일어나 근육이 긴장되어 굳어지는 현상은?

① 사후경직 ② 자기소화
③ 산화 ④ 팽화

53 어류의 사후강직에 대한 설명으로 틀린 것은?

① 붉은 살 생선이 흰 살 생선보다 강직이 빨리 시작된다.
② 자기소화가 일어나면 풍미가 저하된다.
③ 담수어는 자체 내 효소의 작용으로 해수어보다 부패속도가 빠르다.
④ 보통 사후 12~14시간 동안 최고로 단단하게 된다.

54 마요네즈를 만들 때 유화제 역할을 하는 것은?

① 식초 ② 샐러드유
③ 설탕 ④ 난황

답안 표기란

50	① ② ③ ④
51	① ② ③ ④
52	① ② ③ ④
53	① ② ③ ④
54	① ② ③ ④

55 튀김의 특징이 아닌 것은?

① 고온 단시간 가열로 영양소의 손실이 적다.
② 기름의 맛이 더해져 맛이 좋아진다.
③ 표면이 바삭바삭해 입안에서의 촉감이 좋아진다.
④ 불미 성분이 제거된다.

한식조리

56 끓이기의 특징이 아닌 것은?

① 영양소의 손실이 크다.
② 단백질이 응고된다.
③ 콜라겐이 젤라틴화 된다.
④ 전분의 경우 호화가 일어난다.

57 초 조리 맛을 좌우하는 조리원칙으로 바른 것은?

① 재료의 크기와 써는 모양을 다양하게 한다.
② 조미료 넣는 순서는 소금-설탕-간장-식초 순이다.
③ 남은 국물의 양이 20% 이상이어야 한다.
④ 생선요리는 국물이 끓을 때 넣어야 부서지지 않는다.

58 소고기를 간장에 조림하는 이유로 틀린 것은?

① 염절임 효과
② 수분활성도 저하
③ 당도 상승
④ 냉장 시 한 달간의 안전성

59 찌개를 끓일 때 국물과 건더기의 비율은?

① 1:2　② 3:4
③ 4:6　④ 7:3

60 쇠머리나 쇠족 등을 장시간 고아서 응고시켜 썬 음식은?

① 편육　② 족편
③ 회　④ 전유어

답안 표기란

55	① ② ③ ④
56	① ② ③ ④
57	① ② ③ ④
58	① ② ③ ④
59	① ② ③ ④
60	① ② ③ ④

한식조리기능사 필기 모의고사 ❼

수험번호 :
수험자명 :

제한 시간 : 60분
남은 시간 : 60분

글자 크기    화면 배치 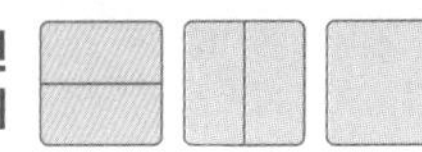

전체 문제 수 : 60
안 푼 문제 수 :

답안 표기란

1	① ② ③ ④
2	① ② ③ ④
3	① ② ③ ④
4	① ② ③ ④
5	① ② ③ ④

음식 위생관리

1 다음 중 대장균의 최적 증식 온도 범위는?
① 0~5℃ ② 5~10℃
③ 30~40℃ ④ 55~75℃

2 모든 미생물을 제거하여 무균 상태로 하는 조작은?
① 소독 ② 살균
③ 멸균 ④ 정균

3 60℃에서 30분간 가열하면 식품 안전에 위해가 되지 않는 세균은?
① 살모넬라균
② 클로스트리디움 보툴리늄균
③ 황색포도상구균
④ 장구균

4 육류의 발색제로 사용되는 아질산염이 산성조건에서 식품 성분과 반응하여 생성되는 발암성 물질은?
① 지질 과산화물
② 벤조피렌
③ 니트로사민
④ 포름알데히드

5 알레르기성 식중독을 유발하는 세균은?
① 병원성 대장균
② 모르가넬라 모르가니
③ 엔테로박터 사카자키
④ 비브리오 콜레라

6 **식품의 위생과 관련된 곰팡이의 특징이 아닌 것은?**

① 건조식품을 잘 변질시킨다.
② 대부분 생육에 산소를 요구하는 절대 호기성 미생물이다.
③ 곰팡이독을 생성하는 것도 있다.
④ 일반적으로 생육 속도가 세균에 비하여 빠르다.

7 **식품과 자연독의 연결이 맞는 것은?**

① 독버섯 – 솔라닌
② 감자 – 무스카린
③ 살구씨 – 파세오루나틴
④ 목화씨 – 고시폴

8 **식품첨가물 중 보존료의 목적을 가장 잘 표현한 것은?**

① 산도 조절
② 미생물에 의한 부패 방지
③ 산화에 의한 변패 방지
④ 가공과정에서 파괴되는 영양소 보충

9 **식품에 존재하는 유기물질을 고온으로 가열할 때 단백질이나 지방이 분해되어 생기는 유해물질은?**

① 에틸카바메이트
② 다환방향족탄화수소
③ 엔–니트로소아민
④ 메탄올

10 **즉석판매제조·가공업소 내에서 소비자에게 원하는 만큼 덜어서 직접 최종 소비자에게 판매하는 대상 식품이 아닌 것은?**

① 된장 ② 식빵
③ 우동 ④ 어육제품

답안 표기란	
6	① ② ③ ④
7	① ② ③ ④
8	① ② ③ ④
9	① ② ③ ④
10	① ② ③ ④

11 하수오염 조사 방법과 관련이 없는 것은?

① THM의 측정　② COD의 측정
③ DO의 측정　④ BOD의 측정

12 다음 중 가장 강한 살균력을 갖는 것은?

① 적외선　② 자외선
③ 가시광선　④ 근적외선

13 호흡기계 감염병이 아닌 것은?

① 폴리오　② 홍역
③ 백일해　④ 디프테리아

14 채소로부터 감염되는 기생충으로 짝지어진 것은?

① 편충, 동양모양선충
② 폐흡충, 회충
③ 구충, 선모충
④ 회충, 무구조충

15 감각온도의 3요소가 아닌 것은?

① 기온　② 기습
③ 기류　④ 기압

답안 표기란	
11	① ② ③ ④
12	① ② ③ ④
13	① ② ③ ④
14	① ② ③ ④
15	① ② ③ ④

16 인수공통감염병에 속하지 않는 것은?

① 광견병
② 탄저
③ 고병원성조류인플루엔자
④ 백일해

17 아메바에 의해서 발생되는 질병은?

① 장티푸스
② 콜레라
③ 유행성 간염
④ 이질

18 미생물의 생육에 필요한 수분활성도의 크기로 옳은 것은?

① 세균 〉 효모 〉 곰팡이
② 곰팡이 〉 세균 〉 효모
③ 효모 〉 곰팡이 〉 세균
④ 세균 〉 곰팡이 〉 효모

19 감염병과 주요한 감염경로의 연결이 틀린 것은?

① 공기 감염 – 폴리오
② 직접 접촉감염 – 성병
③ 비말 감염 – 홍역
④ 절지동물 매개 – 황열

20 전염병 환자가 회복 후에 형성되는 면역은?

① 자연 능동 면역
② 자연 수동 면역
③ 인공 능동 면역
④ 선천성 면역

답안 표기란	
16	① ② ③ ④
17	① ② ③ ④
18	① ② ③ ④
19	① ② ③ ④
20	① ② ③ ④

음식 안전관리

21 주방에서 조리장비류를 취급할 때 결함이 의심되거나 시설제한 중인 시설물의 사용여부를 판단하기 위해 실시하는 점검은?

① 일상점검
② 정기점검
③ 손상점검
④ 특별점검

음식 재료관리

22 사람이 평생동안 매일 섭취하여도 아무런 장해가 일어나지 않는 최대량으로 1일 체중 kg당 mg수로 표시하는 것은?

① 최대무작용량
② 1일 섭취 허용량
③ 50% 치사량
④ 50% 유효량

23 간장, 다시마 등의 감칠맛을 내는 주된 아미노산은?

① 알라닌
② 글루탐산
③ 리신
④ 트레오닌

24 단맛성분에 소량의 짠맛성분을 혼합할 때 단맛이 증가하는 현상은?

① 맛의 상쇄현상
② 맛의 억제현상
③ 맛의 변조현상
④ 맛의 대비현상

25 맥아당은 어떤 성분으로 구성되어 있는가?

① 포도당 2분자가 결합된 것
② 과당과 포도당 각 1분자가 결합된 것
③ 과당 2분자가 결합된 것
④ 포도당과 전분이 결합된 것

답안 표기란	
21	① ② ③ ④
22	① ② ③ ④
23	① ② ③ ④
24	① ② ③ ④
25	① ② ③ ④

26 열량급원 식품이 아닌 것은?

① 감자 ② 쌀
③ 풋고추 ④ 아이스크림

27 차, 커피, 코코아, 과일 등에서 수렴성 맛을 주는 성분은?

① 탄닌 ② 카로틴
③ 엽록소 ④ 안토시아닌

28 식단을 작성하고자 할 때 식품의 선택요령으로 가장 적합한 것은?

① 영양보다는 경제적인 효율성을 우선으로 고려한다.
② 쇠고기가 비싸서 대체식품으로 닭고기를 선정하였다.
③ 시금치의 대체식품으로 값이 싼 달걀을 구매하였다.
④ 한창 제철일 때보다 한발 앞서서 식품을 구입하여 식단을 구성하는 것이 보다 새롭고 경제적이다.

29 단맛을 갖는 대표적인 식품과 가장 거리가 먼 것은?

① 사탕무 ② 감초
③ 벌꿀 ④ 곤약

30 유화액의 상태가 같은 것으로 묶여진 것은?

① 우유, 버터, 마요네즈
② 버터, 아이스크림, 마가린
③ 크림수프, 마가린, 마요네즈
④ 우유, 마요네즈, 아이스크림

답안 표기란	
26	① ② ③ ④
27	① ② ③ ④
28	① ② ③ ④
29	① ② ③ ④
30	① ② ③ ④

답안 표기란
31 ① ② ③ ④
32 ① ② ③ ④
33 ① ② ③ ④
34 ① ② ③ ④

31 지방의 경화에 대한 설명으로 옳은 것은?

① 물과 지방이 서로 섞여 있는 상태이다.
② 불포화지방산에 수소를 첨가하는 것이다.
③ 기름을 7.2℃까지 냉각시켜서 지방을 여과하는 것이다.
④ 반죽 내에서 지방층을 형성하여 글루텐 형성을 막는 것이다.

음식 구매관리

32 다음 자료에 의해서 총원가를 산출하면 얼마인가?

보기	
직접재료비 150,000원	간접재료비 50,000원
직접노무비 100,000원	간접노무비 20,000원
직접경비 5,000원	간접경비 100,000원
판매 및 일반관리비 10,000원	

① 435,000원 ② 365,000원
③ 265,000원 ④ 180,000원

33 총원가는 제조원가에 무엇을 더한 것인가?

① 제조간접비 ② 판매관리비
③ 이익 ④ 판매가격

34 식품의 구매방법으로 필요한 품목, 수량을 표시하여 업자에게 견적서를 제출받고 품질이나 가격을 검토한 후 낙찰자를 정하여 계약을 체결하는 것은?

① 수의계약 ② 경쟁입찰
③ 대량구매 ④ 계약구입

35 급식소에서 재고관리의 의의가 아닌 것은?

① 물품부족으로 인한 급식생산 계획의 차질을 미연에 방지할 수 있다.
② 도난과 부주의로 인한 식품재료의 손실을 최소화 할 수 있다.
③ 재고도 자산인 만큼 가능한 많이 보유하고 있어 유사시에 대비하도록 한다.
④ 급식생산에 요구되는 식품재료와 일치하는 최소한의 재고량이 유지되도록 한다.

한식 기초 조리실무

36 어류의 염장법 중 건염법에 대한 설명으로 틀린 것은?

① 식염의 침투가 빠르다.
② 품질이 균일하지 못하다.
③ 선도가 낮은 어류로 염장을 할 경우 생산량이 증가한다.
④ 지방질의 산화로 변색이 쉽게 일어난다.

37 대두를 구성하는 콩단백질의 주성분은?

① 글리아딘 ② 글루테닌
③ 글루텐 ④ 글리시닌

38 탄수화물의 조리가공 중 변화되는 현상과 가장 관계 깊은 것은?

① 거품생성 ② 호화
③ 유화 ④ 산화

39 달걀흰자로 거품을 낼 때 식초를 약간 첨가하는 것은 다음 중 어떤 것과 가장 관계가 깊은가?

① 난백의 등전점
② 용해도 증가
③ 향 형성
④ 표백효과

답안 표기란	
35	① ② ③ ④
36	① ② ③ ④
37	① ② ③ ④
38	① ② ③ ④
39	① ② ③ ④

40 붉은 양배추를 조리할 때 식초나 레몬즙을 조금 넣으면 어떤 변화가 일어나는가?

① 안토시아닌계 색소가 선명하게 유지된다.
② 카로티노이드계 색소가 변색되어 녹색으로 된다.
③ 클로로필계 색소가 선명하게 유지된다.
④ 플라보노이드계 색소가 변색되어 청색으로 된다.

41 색소를 보존하기 위한 방법 중 틀린 것은?

① 녹색채소를 데칠 때 식초를 넣는다.
② 매실지를 담글 때 소엽(차조기잎)을 넣는다.
③ 연근을 조릴 때 식초를 넣는다.
④ 햄 제조 시 질산칼륨을 넣는다.

42 계량컵을 사용하여 밀가루를 계량할 때 가장 올바른 방법은?

① 체로 쳐서 가만히 수북하게 담아 주걱으로 깎아서 측정한다.
② 계량컵에 그대로 담아 주걱으로 깎아서 측정한다.
③ 계량컵에 꼭꼭 눌러 담은 후 주걱으로 깎아서 측정한다.
④ 계량컵을 가볍게 흔들어 주면서 담은 후 주걱으로 깎아서 측정한다.

43 브로멜린이 함유되어 있어 고기를 연화시키는 데 이용되는 과일은?

① 사과　② 파인애플
③ 귤　④ 복숭아

44 다음 조리법 중 비타민 C 파괴율이 가장 적은 것은?

① 시금치 국　② 무생채
③ 고사리찜　④ 오이지

답안 표기란	
40	① ② ③ ④
41	① ② ③ ④
42	① ② ③ ④
43	① ② ③ ④
44	① ② ③ ④

45 **조리 시 일어나는 비타민, 무기질의 변화 중 맞는 것은?**

① 비타민 A는 지방음식과 함께 섭취할 때 흡수율이 높아진다.
② 비타민 D는 자외선과 접하는 부분이 클수록, 오래 끓일수록 파괴율이 높아진다.
③ 색소의 고정효과로는 Ca^{++}이 많이 사용되며 식물색소를 고정시키는 역할을 한다.
④ 과일을 깎을 때 쇠칼을 사용하는 것이 맛, 영양가, 외관상 좋다.

46 **급식시설에서 주방면적을 산출할 때 고려해야 할 사항으로 가장 거리가 먼 것은?**

① 피급식자의 기호
② 조리기기의 선택
③ 조리인원
④ 식단

47 **생선의 비린내를 억제하는 방법으로 부적합한 것은?**

① 물로 깨끗이 씻어 수용성 냄새 성분을 제거한다.
② 처음부터 뚜껑을 닫고 끓여 생선을 완전히 응고시킨다.
③ 조리 전에 우유에 담가둔다.
④ 생선 단백질이 응고된 후 생강을 넣는다.

48 **우유 가공품이 아닌 것은?**

① 치즈 ② 버터
③ 마시멜로우 ④ 액상 발효유

49 **다음 급식시설 중 1인 1식 사용급수량이 가장 많이 필요한 시설은?**

① 학교급식 ② 보통급식
③ 산업체급식 ④ 병원급식

답안 표기란	
45	① ② ③ ④
46	① ② ③ ④
47	① ② ③ ④
48	① ② ③ ④
49	① ② ③ ④

50 조리 시 첨가하는 물질의 역할에 대한 설명으로 틀린 것은?

① 식염 – 면 반죽의 탄성 증가
② 식초 – 백색채소의 색 고정
③ 중조 – 펙틴 물질의 불용성 강화
④ 구리 – 녹색채소의 색 고정

51 쇠고기의 부위 중 탕, 스튜, 찜 조리에 가장 적합한 부위는?

① 목심 ② 설도
③ 양지 ④ 사태

52 펜토산(pentosan)으로 구성된 석세포가 들어 있으며, 즙을 갈아 넣으면 고기가 연해지는 식품은?

① 배 ② 유자
③ 귤 ④ 레몬

53 육류 조리 시 열에 의한 변화로 맞는 것은?

① 불고기는 열의 흡수로 부피가 증가한다.
② 스테이크는 가열하면 질겨져서 소화가 잘되지 않는다.
③ 미트로프는 가열하면 단백질이 응고, 수축, 변성된다.
④ 소꼬리의 젤라틴이 콜라겐화 된다.

54 우유의 카제인을 응고시킬 수 있는 것으로 되어있는 것은?

① 탄닌 – 레닌 – 설탕
② 식초 – 레닌 – 탄닌
③ 레닌 – 설탕 – 소금
④ 소금 – 설탕 – 식초

답안 표기란	
50	① ② ③ ④
51	① ② ③ ④
52	① ② ③ ④
53	① ② ③ ④
54	① ② ③ ④

55 김치저장 중 김치조직의 연부현상이 일어나는 이유에 대한 설명으로 가장 거리가 먼 것은?

① 조직을 구성하고 있는 펙틴질이 분해되기 때문에
② 미생물이 펙틴분해효소를 생성하기 때문에
③ 용기에 꼭 눌러 담지 않아 내부에 공기가 존재하여 호기성 미생물이 성장번식하기 때문에
④ 김치가 국물에 잠겨 수분을 흡수하기 때문에

한식조리

56 나물에 대한 설명으로 틀린 것은?

① 생채나 숙채를 두루 말한다.
② 푸른잎 채소는 파랗게 데쳐 갖은 양념으로 무친다.
③ 마른 나물들은 불렸다가 삶아서 볶아 사용한다.
④ 잡채나 구절판은 복합조리법으로 숙채에 포함시키기 어렵다.

57 오이의 쓴맛 성분은?

① 알칼로이드 ② 글루탐산
③ 큐커비타신 ④ 타우린

58 우리나라의 밥을 주식으로 하여 차린 상차림을 무엇이라 하는가?

① 반상 ② 주안상
③ 일품요리상 ④ 수라상

59 소고기 육수를 사용하는 음식이 아닌 것은?

① 토장국 ② 해물탕
③ 육개장 ④ 미역국

60 국의 국물과 건더기 비율은?

① 1 : 2 ② 2 : 6
③ 4 : 6 ④ 7 : 3

답안 표기란

55	① ② ③ ④
56	① ② ③ ④
57	① ② ③ ④
58	① ② ③ ④
59	① ② ③ ④
60	① ② ③ ④

한식조리기능사 필기 모의고사 ❽

수험번호 :
수험자명 :

제한 시간 : 60분
남은 시간 : 60분

글자 크기    화면 배치 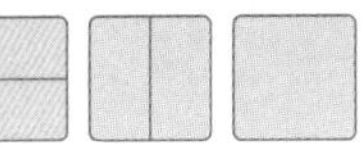

전체 문제 수 : 60
안 푼 문제 수 :

답안 표기란

1 ① ② ③ ④
2 ① ② ③ ④
3 ① ② ③ ④
4 ① ② ③ ④

음식 위생관리

1 바지락 속에 들어있는 독성분은?

① 베네루핀
② 솔라닌
③ 무스카린
④ 아마니타톡신

2 다음 중 잠복기가 가장 짧은 식중독은?

① 황색포도상구균 식중독
② 살모넬라 식중독
③ 장염비브리오 식중독
④ 장구균 식중독

3 관능을 만족시키는 식품첨가물이 아닌 것은?

① 동클로로필린나트륨
② 질산나트륨
③ 아스파탐
④ 소르빈산

4 세균성 식중독과 병원성 소화기계 감염병을 비교한 것으로 틀린 것은?

	세균성 식중독	병원성 소화기계 감염병
①	식품은 원인물질 축적제	식품은 병원균 운반체
②	2차 감염이 빈번함	2차 감염이 없음
③	식품위생법으로 관리	감염병예방법으로 관리
④	비교적 짧은 잠복기	비교적 긴 잠복기

5 **세균 번식이 잘되는 식품과 가장 거리가 먼 것은?**

① 온도가 적당한 식품
② 수분을 함유한 식품
③ 영양분이 많은 식품
④ 산이 많은 식품

6 **생선 및 육류의 초기부패 판정 시 지표가 되는 물질에 해당되지 않는 것은?**

① 휘발성염기질소
② 암모니아
③ 트리메틸아민
④ 아크롤레인

7 **중금속에 대한 설명으로 옳은 것은?**

① 비중이 4.0 이상의 금속을 말한다.
② 생체기능유지에 전혀 필요하지 않다.
③ 다량이 축적될 때 건강장해가 일어난다.
④ 생체와의 친화성이 거의 없다.

8 **이타이이타이병과 관계있는 중금속 물질은?**

① 수은 ② 카드뮴
③ 크롬 ④ 납

9 **오래된 과일이나 산성 채소 통조림에서 유래되는 화학성 식중독의 원인 물질은?**

① 칼슘 ② 주석
③ 철분 ④ 아연

답안 표기란

5	① ② ③ ④
6	① ② ③ ④
7	① ② ③ ④
8	① ② ③ ④
9	① ② ③ ④

답안 표기란	
10	① ② ③ ④
11	① ② ③ ④
12	① ② ③ ④
13	① ② ③ ④
14	① ② ③ ④

10 **소분업 판매를 할 수 있는 식품은?**

① 전분　　② 식용유지
③ 식초　　④ 빵가루

11 **식품위생법상 출입·검사·수거에 대한 설명 중 틀린 것은?**

① 관계 공무원은 영업소에 출입하여 영업에 사용하는 식품 또는 영업시설 등에 대하여 검사를 실시한다.
② 관계 공무원은 영업상 사용하는 식품 등을 검사를 위하여 필요한 최소량이라 하더라도 무상으로 수거할 수 없다.
③ 관계 공무원은 필요에 따라 영업에 관계되는 장부 또는 서류를 열람할 수 있다.
④ 출입·검사·수거 또는 열람하려는 공무원은 그 권한을 표시하는 증표를 지니고 이를 관계인에 내보여야 한다.

12 **우리나라 식품위생법 등 식품위생 행정업무를 담당하고 있는 기관은?**

① 환경부　　② 고용노동부
③ 보건복지부　　④ 식품의약품안전처

13 **조리사 또는 영양사 면허의 취소처분을 받고 그 취소된 날부터 얼마의 기간이 경과되어야 면허를 받을 자격이 있는가?**

① 1개월　　② 3개월
③ 6개월　　④ 1년

14 **음식물이나 식수에 오염되어 경구적으로 침입되는 감염병이 아닌 것은?**

① 유행성 이하선염
② 파라티푸스
③ 세균성 이질
④ 폴리오

15 매개곤충과 질병이 잘못 연결된 것은?

① 이 – 발진티푸스
② 쥐벼룩 – 페스트
③ 모기 – 사상충증
④ 벼룩 – 렙토스피라증

16 생균을 사용하는 예방접종으로 면역이 되는 질병은?

① 파상풍
② 콜레라
③ 폴리오
④ 백일해

17 돼지고기를 날 것으로 먹거나 불완전하게 가열하여 섭취할 때 감염될 수 있는 기생충은?

① 유구조충
② 무구조충
③ 광절열두조충
④ 간디스토마

18 소음의 측정단위는?

① dB
② kg
③ A
④ ℃

19 인수공통감염병으로 그 병원체가 세균인 것은?

① 일본뇌염
② 공수병
③ 광견병
④ 결핵

답안 표기란	
15	① ② ③ ④
16	① ② ③ ④
17	① ② ③ ④
18	① ② ③ ④
19	① ② ③ ④

20 다음의 상수처리 과정에서 가장 마지막 단계는?

① 급수 ② 취수
③ 정수 ④ 도수

21 적외선에 속하는 파장은?

① 200nm ② 400nm
③ 600nm ④ 800nm

22 규폐증에 대한 설명으로 틀린 것은?

① 먼지 입자의 크기가 0.5~5.0㎛일 때 잘 발생한다.
② 대표적인 진폐증이다.
③ 암석가공업, 도자기 공업, 유리제조업의 근로자들이 주로 많이 발생한다.
④ 일반적으로 위험요인에 노출된 근무 경력이 1년 이후부터 자각 증상이 발생한다.

23 폐기물 소각 처리 시의 가장 큰 문제점은?

① 악취가 발생되며 수질이 오염된다.
② 다이옥신이 발생한다.
③ 처리방법이 불쾌하다.
④ 지반이 약화되어 균열이 생길 수 있다.

24 작업장의 부적당한 조명과 가장 관계가 적은 것은?

① 가성근시 ② 열경련
③ 안정피로 ④ 재해발생의 원인

답안 표기란	
20	① ② ③ ④
21	① ② ③ ④
22	① ② ③ ④
23	① ② ③ ④
24	① ② ③ ④

음식 안전관리

25 조리용 칼을 사용할 때 위험요소로부터 예방하는 방법이 알맞지 않은 것은?

① 작업용도에 적합한 칼 사용
② 칼의 방향은 몸 안쪽으로 사용
③ 칼 사용 시 불필요한 행동 자제
④ 작업 전 충분한 스트레칭

음식 재료관리

26 채소의 가공 시 가장 손실되기 쉬운 비타민은?

① 비타민 A ② 비타민 D
③ 비타민 C ④ 비타민 E

27 효소의 주된 구성성분은?

① 지방 ② 탄수화물
③ 단백질 ④ 비타민

28 식품에 존재하는 물의 형태 중 자유수에 대한 설명으로 틀린 것은?

① 식품에서 미생물의 번식에 이용된다.
② −20℃에서도 얼지 않는다.
③ 100℃에서 증발하여 수증기가 된다.
④ 식품을 건조시킬 때 쉽게 제거된다.

29 필수아미노산만으로 짝지어진 것은?

① 트립토판, 메티오닌
② 트립토판, 글리신
③ 리신, 글루타민산
④ 루신, 알라닌

답안 표기란

25	① ② ③ ④
26	① ② ③ ④
27	① ② ③ ④
28	① ② ③ ④
29	① ② ③ ④

30 식단을 작성할 때 구비해야 하는 자료로 가장 거리가 먼 것은?

① 계절식품표
② 위생점검표
③ 대치식품표
④ 식품영양구성표

음식 구매관리

31 다음 원가의 구성에 해당하는 것은?

보기	직접원가+제조간접비

① 판매가격
② 간접원가
③ 제조원가
④ 총원가

32 식품구매 시 폐기율을 고려한 총 발주량을 구하는 식은?

① 총발주량=(100−폐기율)×100×인원수
② 총발주량=[(정미중량−폐기율)/(100−가식율)] × 100
③ 총발주량=(1인당 사용량−폐기율)×인원수
④ 총발주량=[정미중량/(100−폐기율)]×100×인원수

33 쇠고기 40g을 두부로 대체하고자 할 때 필요한 두부의 양은 약 얼마인가?(단 100g당 쇠고기 단백질 함량은 20.1g, 두부 단백질 함량은 8.6g으로 계산한다)

① 70g
② 74g
③ 90g
④ 94g

34 다음 중 일반적으로 폐기율이 가장 높은 식품은?

① 소살코기
② 달걀
③ 생선
④ 곡류

답안 표기란

30	① ② ③ ④
31	① ② ③ ④
32	① ② ③ ④
33	① ② ③ ④
34	① ② ③ ④

35 **단체급식에서 식품의 재고관리에 대한 설명으로 틀린 것은?**

① 각 식품에 적당한 재고기간을 파악하여 이용하도록 한다.
② 식품의 특성이나 사용 빈도 등을 고려하여 저장 장소를 정한다.
③ 비상시를 대비하여 가능한 한 많은 재고량을 확보할 필요가 있다.
④ 먼저 구입한 것은 먼저 소비한다.

36 **식품을 고를 때 채소류의 감별법으로 틀린 것은?**

① 오이는 굵기가 고르며 만졌을 때 가시가 있고 무거운 느낌이 나는 것이 좋다.
② 당근은 일정한 굵기로 통통하고 마디나 뿔이 없는 것이 좋다.
③ 양배추는 가볍고 잎이 얇으며 신선하고 광택이 있는 것이 좋다.
④ 우엉은 껍질이 매끈하고 수염뿌리가 없는 것으로 굵기가 일정한 것이 좋다.

한식 기초 조리실무

37 **전분의 노화를 억제하는 방법으로 적합하지 않은 것은?**

① 수분함량 조절　　② 냉동
③ 설탕의 첨가　　④ 산의 첨가

38 **찹쌀의 아밀로오스와 아밀로펙틴에 대한 설명 중 맞는 것은?**

① 아밀로오스 함량이 더 많다.
② 아밀로오스 함량과 아밀로펙틴의 함량이 거의 같다.
③ 아밀로펙틴으로 이루어져 있다.
④ 아밀로펙틴은 존재하지 않는다.

답안 표기란

35	① ② ③ ④
36	① ② ③ ④
37	① ② ③ ④
38	① ② ③ ④

답안 표기란	
39	① ② ③ ④
40	① ② ③ ④
41	① ② ③ ④
42	① ② ③ ④

39 **다음 중 계량방법이 잘못된 것은?**

① 저울은 수평으로 놓고 눈금은 정면에서 읽으며 바늘은 0에 고정시킨다.
② 가루 상태의 식품은 계량기에 꼭꼭 눌러 담은 다음 윗면이 수평이 되도록 스파튤러로 깎아서 잰다.
③ 액체식품은 투명한 계량용기를 사용하여 계량컵으로 눈금과 눈높이를 맞추어서 계량한다.
④ 된장이나 다진 고기 등의 식품 재료는 계량기구에 눌러 담아 빈 공간이 없도록 채워서 깎아준다.

40 **식품의 조리 및 가공 시 발생되는 갈변현상의 설명으로 틀린 것은?**

① 설탕 등의 당류를 160~180℃로 가열하며 마이야르(maillard) 반응으로 갈색물질이 생성된다.
② 사과, 가지, 고구마 등의 껍질을 벗길 때 폴리페놀 성분 물질을 산화시키는 효소 작용으로 갈변 물질이 생성된다.
③ 감자를 절단하면 효소작용으로 흑갈색의 멜라닌 색소가 생성되며, 갈변을 막으려면 물에 담근다.
④ 아미노-카르보닐 반응으로 간장과 된장의 갈변물질이 생성된다.

41 **달걀의 기능을 이용한 음식의 연결이 잘못된 것은?**

① 응고성 – 달걀찜
② 팽창제 – 시폰케이크
③ 간섭제 – 맑은 장국
④ 유화성 – 마요네즈

42 **냉장고 사용방법으로 틀린 것은?**

① 뜨거운 음식은 식혀서 냉장고에 보관한다.
② 문을 여닫는 횟수를 가능한 한 줄인다.
③ 온도가 낮으므로 식품을 장기간 보관해도 안전하다.
④ 식품의 수분이 건조되므로 밀봉하여 보관한다.

답안 표기란
43 ① ② ③ ④
44 ① ② ③ ④
45 ① ② ③ ④
46 ① ② ③ ④

43 육류의 사후경직을 설명한 것 중 틀린 것은?

① 근육에서 호기성 해당과정에 의해 산이 증가된다.
② 해당과정으로 생성된 산에 의해 pH가 낮아진다.
③ 경직속도는 도살 전의 동물의 상태에 따라 다르다.
④ 근육의 글리코겐은 젖산으로 된다.

44 조리장의 설비에 대한 설명 중 부적합한 것은?

① 조리장의 내벽은 바닥으로부터 5cm까지 내수성 자재로 한다.
② 충분한 내구력이 있는 구조여야 한다.
③ 조리장에는 식품 및 식기류의 세척을 위한 위생적인 세척시설을 갖춘다.
④ 조리원 전용의 위생적 수세 시설을 갖춘다.

45 튀김옷의 재료에 관한 설명으로 틀린 것은?

① 중조를 넣으면 탄산가스가 발생하면서 수분도 증발되어 바삭하게 된다.
② 달걀을 넣으면 달걀 단백질의 응고로 수분 흡수가 방해되어 바삭하게 된다.
③ 글루텐 함량이 높은 밀가루가 오랫동안 바삭한 상태를 유지한다.
④ 얼음물에 반죽을 하면 점도를 낮게 유지하여 바삭하게 된다.

46 조리 시 일어나는 현상과 그 원인의 연결이 틀린 것은?

① 장조림 고기가 단단하고 잘 찢어지지 않음 – 물에서 먼저 삶은 후 양념간장을 넣어 약한 불로 서서히 조렸기 때문
② 튀긴 도넛에 기름 흡수가 많음 – 낮은 온도에서 튀겼기 때문
③ 오이무침의 색이 누렇게 변함 – 식초를 미리 넣었기 때문
④ 생선을 굽는데 석쇠에 붙어 잘 떨어지지 않음 – 석쇠를 달구지 않았기 때문

47 탈수가 일어나지 않으면서 간이 맞도록 생선을 구우려면 일반적으로 생선 중량 대비 소금의 양은 얼마가 가장 적당한가?

① 0.1% ② 2%
③ 16% ④ 20%

48 육류 조리에 대한 설명으로 맞는 것은?

① 육류를 오래 끓이면 질긴 지방조직인 콜라겐이 젤라틴화 되어 국물이 맛있게 된다.
② 목심, 양지, 사태는 건열조리에 적당하다.
③ 편육을 만들 때 고기는 처음부터 찬물에서 끓인다.
④ 육류는 찬물에 넣어 끓이면 맛성분 용출이 용이해져 국물 맛이 좋아진다.

49 식혜에 대한 설명으로 틀린 것은?

① 전분이 아밀라아제에 의해 가수분되어 맥아당과 포도당을 생성한다.
② 밥을 지은 후 엿기름을 부어 효소반응이 잘 일어나도록 한다.
③ 80℃의 온도가 유지되어야 효소반응이 잘 일어나 밥알이 뜨기 시작한다.
④ 식혜 물에 뜨기 시작한 밥알은 건져내어 냉수에 헹구어 놓았다가 차게 식힌 식혜에 띄워낸다.

50 중조를 넣어 콩을 삶을 때 가장 문제가 되는 것은?

① 비타민 B_1의 파괴가 촉진됨
② 콩이 잘 무르지 않음
③ 조리수가 많이 필요함
④ 조리시간이 길어짐

51 고기를 연하게 하기 위해 사용하는 과일에 들어있는 단백질 분해효소가 아닌 것은?

① 피신 ② 브로멜린
③ 파파인 ④ 아밀라아제

답안 표기란	
47	① ② ③ ④
48	① ② ③ ④
49	① ② ③ ④
50	① ② ③ ④
51	① ② ③ ④

52 전분의 호정화(dextrinization)가 일어난 예로 적합하지 않은 것은?

① 누룽지　　② 토스트
③ 미숫가루　　④ 묵

53 달걀 저장 중에 일어나는 변화로 옳은 것은?

① pH 저하　　② 중량 감소
③ 난황계수　　④ 수양난백 감소

54 유지의 산패도를 나타내는 값으로 짝지어진 것은?

① 비누화가, 요오드가
② 요오드가, 아세틸가
③ 과산화물가, 비누화가
④ 산가, 과산화물가

55 신선도가 저하된 생선의 설명으로 옳은 것은

① 히스타민(histamine)의 함량이 많다.
② 꼬리가 약간 치켜 올라갔다.
③ 비늘이 고르게 밀착되어 있다.
④ 살이 탄력적이다.

한식조리

56 미나리강회 조리 시 유의할 사항은?

① 편육은 식은 후 면포로 모양을 잡아준다.
② 미나리는 약간의 소금을 넣어 데치고 찬물에 헹구지 않는다.
③ 고기가 익은 것은 꼬지를 찔러 핏물이 나오는 정도로 확인한다.
④ 야채, 황백지단, 미나리를 일정하게 썰어 겹쳐 층층히 쌓아서 먹는 요리이다.

답안 표기란	
52	① ② ③ ④
53	① ② ③ ④
54	① ② ③ ④
55	① ② ③ ④
56	① ② ③ ④

답안 표기란	
57	① ② ③ ④
58	① ② ③ ④
59	① ② ③ ④
60	① ② ③ ④

57 **한국음식의 그릇과 그 설명의 연결이 바른 것은?**

① 주발 – 여성용 밥그릇
② 바리 – 남성용 밥그릇
③ 대접 – 국을 담는 그릇
④ 조반기 – 떡, 면, 약식을 담는 그릇

58 **국이나 탕에 사용하는 사골에 대한 특성으로 바른 것은?**

① 골밀도가 치밀한 것이 좋으므로 건강한 수소보다 암소가 좋다.
② 골화 진행이 적은 사골을 이용해야 국물이 뽀얗다.
③ 사골부위는 운동량이 많은 근육이나 육색이 약간 선홍색을 띤다.
④ 근섬유가 굵은 다발을 이루고 있어 고기의 결이 거친 편이다.

59 **생채의 특징으로 거리가 먼 것은?**

① 자연의 색과 향을 느낄 수 있다.
② 씹을 때 아삭아삭한 식감을 느낄 수 있다.
③ 영양소 손실이 적고 비타민이 풍부하다.
④ 식감이 부드러우며 무침 양념이 잘 배어든다.

60 **채소에 따른 볶음 조리법이 잘못된 것은?**

① 색깔이 있는 당근, 오이는 소금에 절이지 말고 볶으면서 소금을 넣는다.
② 기름을 넉넉히 두르고 볶는다.
③ 마른 표고버섯은 볶을 때 약간의 물을 넣어준다.
④ 기본적인 간을 한 다음 볶는다.

한식조리기능사 필기 모의고사 ⑨

수험번호 :

수험자명 :

제한 시간 : 60분
남은 시간 : 60분

글자 크기    화면 배치 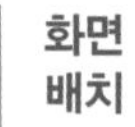 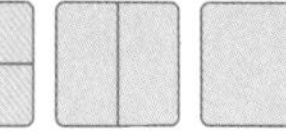 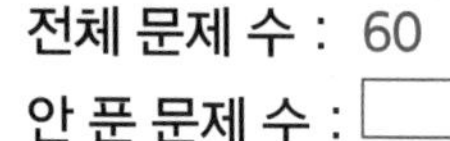

100% 150% 200%

전체 문제 수 : 60
안 푼 문제 수 :

답안 표기란

1 ① ② ③ ④
2 ① ② ③ ④
3 ① ② ③ ④
4 ① ② ③ ④

음식 위생관리

1 식중독 중 해산어류를 통해 많이 발생하는 식중독은?

① 살모넬라균 식중독
② 클로스트리디움 보툴리늄균 식중독
③ 황색포도상구균 식중독
④ 장염비브리오균 식중독

2 복어중독을 일으키는 독성분은?

① 테트로도톡신 ② 솔라닌
③ 베네루핀 ④ 무스카린

3 과일통조림으로부터 용출되어 구토, 설사, 복통의 중독증상을 유발할 가능성이 있는 물질은?

① 안티몬 ② 주석
③ 크롬 ④ 구리

4 화학성 식중독의 원인이 아닌 것은?

① 설사성 패류 중독
② 환경오염에 기인하는 식품 유독 성분 중독
③ 중금속에 의한 중독
④ 유해성 식품첨가물에 의한 중독

5 안식향산의 사용 목적은?

① 식품의 산미를 내기 위하여
② 식품의 부패를 방지하기 위하여
③ 유지의 산화를 방지하기 위하여
④ 식품의 향을 내기 위하여

6 식품을 조리 또는 가공할 때 생성되는 유해물질과 그 생성 원인을 잘못 짝지은 것은?

① 엔-니트로소아민 : 육가공품의 발색제 사용으로 인한 아질산과 아민과의 반응 생성물
② 다환방향족탄화수소 : 유기물질을 고온으로 가열할 때 생성되는 단백질이나 지방의 분해 생성물
③ 아크릴아미드 : 전분식품 가열 시 아미노산과 당의 열에 의한 결합반응 생성물
④ 헤테로고리아민 : 주류 제조 시 에탄올과 카바밀기의 반응에 의한 생성물

7 색소를 함유하고 있지는 않지만 식품 중의 성분과 결합하여 색을 안정화시키면서 선명하게 하는 식품첨가물은?

① 착색료 ② 보존료
③ 발색제 ④ 산화방지제

8 식품의 부패 또는 변질과 관련이 적은 것은?

① 수분 ② 온도
③ 압력 ④ 효소

답안 표기란	
5	① ② ③ ④
6	① ② ③ ④
7	① ② ③ ④
8	① ② ③ ④

9 세균으로 인한 식중독 원인물질이 아닌 것은?

① 살모넬라균　　② 장염비브리오균
③ 아플라톡신　　④ 보툴리눔독소

10 식품위생법에 명시된 목적이 아닌 것은?

① 위생상의 위해방지
② 건전한 유통판매 도모
③ 식품영양의 질적 향상 도모
④ 식품에 관한 올바른 정보 제공

11 HACCP의 7가지 원칙에 해당하지 않는 것은?

① 위해요소분석
② 중요관리점 결정
③ 개선조치방법 수립
④ 회수명령의 기준 설정

12 업종별 시설기준으로 틀린 것은?

① 휴게음식점에는 다른 객석에서 내부가 보이도록 하여야 한다.
② 일반음식점의 객실에는 잠금장치를 설치할 수 있다.
③ 일반음식점의 객실 안에는 무대장치, 우주볼 등의 특수조명시설을 설치하여서는 아니 된다.
④ 일반음식점에는 손님이 이용할 수 있는 자동반주장치를 설치하여서는 아니 된다.

13 식품위생법상 영업에 종사하지 못하는 질병의 종류가 아닌 것은?

① 비감염성 결핵　　② 세균성 이질
③ 장티푸스　　④ 화농성 질환

답안 표기란

9	① ② ③ ④
10	① ② ③ ④
11	① ② ③ ④
12	① ② ③ ④
13	① ② ③ ④

14 칼슘과 인이 소변 중으로 유출되는 골연화증 현상을 유발하는 유해중금속은?

① 납 ② 카드뮴
③ 수은 ④ 주석

15 실내공기 오염의 지표로 이용되는 기체는?

① 산소 ② 이산화탄소
③ 일산화탄소 ④ 질소

16 기생충과 중간숙주의 연결이 틀린 것은?

① 십이지장충 – 모기
② 말라리아 – 사람
③ 폐흡충 – 가재, 게
④ 무구조충 – 소

17 자외선에 의한 인체 건강 장해가 아닌 것은?

① 설안염 ② 피부암
③ 폐기종 ④ 결막염

18 우리나라의 법정감염병이 아닌 것은?

① 말라리아 ② 유행성 이하선염
③ 매독 ④ 기생충

답안 표기란	
14	① ② ③ ④
15	① ② ③ ④
16	① ② ③ ④
17	① ② ③ ④
18	① ② ③ ④

19 수질의 오염정도를 파악하기 위한 BOD 측정 시 일반적인 온도와 측정 기간은?

① 10℃에서 10일간
② 20℃에서 10일간
③ 10℃에서 5일간
④ 20℃에서 5일간

20 지역사회나 국가사회의 보건수준을 나타낼 수 있는 가장 대표적인 지표는?

① 모성사망률　② 평균수명
③ 질병이환율　④ 영아사망률

21 감염병 중 비말감염과 관계가 먼 것은?

① 백일해　② 디프테리아
③ 발진열　④ 결핵

22 사용이 허가된 산미료는?

① 구연산　② 계피산
③ 말톨　④ 초산에틸

23 과실 저장고의 온도, 습도, 기체조성 등을 조절하여 장기간 동안 과실을 저장하는 방법은?

① 산 저장
② 자외선 저장
③ 무균포장 저장
④ CA 저장

답안 표기란	
19	① ② ③ ④
20	① ② ③ ④
21	① ② ③ ④
22	① ② ③ ④
23	① ② ③ ④

24 초기 청력장애 시 직업성 난청을 조기 발견할 수 있는 주파수는?

① 1,000Hz ② 2,000Hz
③ 3,000Hz ④ 4,000Hz

음식 안전관리

25 화재를 사전에 예방하기 위한 방법으로 바르지 않은 것은?

① 화재 위험성이 있는 화기나 설비 주변은 정기적으로 점검한다.
② 지속적으로 화재예방 교육을 실시한다.
③ 화재발생 위험 요소가 있는 기계 근처에는 가지 않는다.
④ 전기의 사용지역에서는 접선이나 물의 접촉을 금지한다.

음식 재료관리

26 카제인은 어떤 단백질에 속하는가?

① 당단백질 ② 지단백질
③ 유도단백질 ④ 인단백질

27 완두콩을 조리할 때 정량의 황산구리를 첨가하면 특히 어떤 효과가 있는가?

① 비타민이 보강된다.
② 무기질이 보강된다.
③ 냄새를 보유할 수 있다.
④ 녹색을 보유할 수 있다.

28 산성식품에 해당하는 것은?

① 곡류 ② 사과
③ 감자 ④ 시금치

답안 표기란

24	①	②	③	④
25	①	②	③	④
26	①	②	③	④
27	①	②	③	④
28	①	②	③	④

29 아미노산, 단백질 등이 당류와 반응하여 갈색물질을 생성하는 반응은?

① 폴리페놀 옥시다아제
② 마이야르 반응
③ 캐러멜화 반응
④ 티로시나아제 반응

30 난황에 주로 함유되어 있는 색소는?

① 클로로필 ② 안토시아닌
③ 카로티노이드 ④ 플라보노이드

31 가열에 의해 고유의 냄새성분이 생성되지 않는 것은?

① 장어구이 ② 스테이크
③ 커피 ④ 포도주

32 식초의 기능에 대한 설명으로 틀린 것은?

① 생선에 사용하면 생선살이 단단해진다.
② 붉은 비트(beets)에 사용하면 선명한 적색이 된다.
③ 양파에 사용하면 황색이 된다.
④ 마요네즈 만들 때 사용하면 유화액을 안정시켜 준다.

33 1g당 발생하는 열량이 가장 큰 것은?

① 당질 ② 단백질
③ 지방 ④ 알코올

답안 표기란	
29	① ② ③ ④
30	① ② ③ ④
31	① ② ③ ④
32	① ② ③ ④
33	① ② ③ ④

34 수분 70g, 당질 40g, 섬유질 7g, 단백질 5g, 무기질 4g, 지방 3g이 들어 있는 식품의 열량은?

① 165kcal ② 178kcal
③ 198kcal ④ 207kcal

35 각 식품에 대한 대치식품의 연결이 적합하지 않은 것은?

① 돼지고기 – 두부, 쇠고기, 닭고기
② 고등어 – 삼치, 꽁치, 동태
③ 닭고기 – 우유 및 유제품
④ 시금치 – 깻잎, 상추, 배추

음식 구매관리

36 식품의 감별법 중 틀린 것은?

① 쌀알은 투명하고 앞니로 씹었을 때 강도가 센 것이 좋다.
② 생선은 안구가 돌출되어 있고 비늘이 단단하게 붙어 있는 것이 좋다.
③ 닭고기의 뼈(관절) 부위가 변색된 것은 변질된 것으로 맛이 없다.
④ 돼지고기의 색이 검붉은 것은 늙은 돼지에서 생산된 고기일 수 있다.

37 재료의 소비액을 산출하는 계산식은?

① 재료 구입량 × 재료 소비단가
② 재료 소비량 × 재료 구입단가
③ 재료 소비량 × 재료 소비단가
④ 재료 구입량 × 재료 구입단가

답안 표기란

34	① ② ③ ④
35	① ② ③ ④
36	① ② ③ ④
37	① ② ③ ④

38 고기 20kg으로 닭강정 100인분을 판매한 매출액이 1,000,000원이다. 닭고기의 kg당 단가가 12,000원이고 총 양념 비용으로 80,000원이 들었다면 식재료의 원가 비율은?

① 24%　　② 28%
③ 32%　　④ 40%

한식 기초 조리실무

39 유지를 가열할 때 생기는 변화에 대한 설명으로 틀린 것은?

① 유리지방산의 함량이 높아지므로 발연점이 낮아진다.
② 연기 성분으로 알데히드, 케톤 등이 생성된다.
③ 요오드값이 높아진다.
④ 중합반응에 의해 점도가 증가된다.

40 전분 식품의 노화를 억제하는 방법으로 적합하지 않은 것은?

① 설탕을 첨가한다.
② 식품을 냉장 보관한다.
③ 식품의 수분함량을 15% 이하로 한다.
④ 유화제를 사용한다.

41 근채류 중 생식하는 것보다 기름에 볶는 조리법을 적용하는 것이 좋은 식품은?

① 무　　② 고구마
③ 토란　　④ 당근

42 제조과정 중 단백질 변성에 의한 응고 작용이 일어나지 않는 것은?

① 치즈 가공　　② 두부 제조
③ 달걀 삶기　　④ 딸기잼 제조

답안 표기란	
38	① ② ③ ④
39	① ② ③ ④
40	① ② ③ ④
41	① ② ③ ④
42	① ② ③ ④

43 다음 중 단체급식 조리장을 신축할 때 우선적으로 고려할 사항 순으로 배열된 것은?

보기	가. 위생	나. 경제	다. 능률

① 다 → 나 → 가
② 나 → 가 → 다
③ 가 → 다 → 나
④ 나 → 다 → 가

44 식혜를 만들 때 엿기름을 당화시키는 데 가장 적합한 온도는?

① 10~20℃
② 30~40℃
③ 50~60℃
④ 70~80℃

45 많이 익은 김치(신김치)는 오래 끓여도 쉽게 연해지지 않는 이유는?

① 김치에 존재하는 소금에 의해 섬유소가 단단해지기 때문이다.
② 김치에 존재하는 소금에 의해 팽압이 유지되기 때문이다.
③ 김치에 존재하는 산에 의해 섬유소가 단단해지기 때문이다.
④ 김치에 존재하는 산에 의해 팽압이 유지되기 때문이다.

46 우유를 데울 때 가장 좋은 방법은?

① 냄비에 담고 끓기 시작할 때까지 강한 불로 데운다.
② 이중냄비에 넣고 젓지 않고 데운다.
③ 냄비에 담고 약한 불에서 젓지 않고 데운다.
④ 이중냄비에 넣고 저으면서 데운다.

답안 표기란

43	① ② ③ ④
44	① ② ③ ④
45	① ② ③ ④
46	① ② ③ ④

47 생선 조리 시 식초를 적당량 넣었을 때 장점이 아닌 것은?

① 생선의 가시를 연하게 해준다.
② 어취를 제거한다.
③ 살을 연하게 하여 맛을 좋게 한다.
④ 살균 효과가 있다.

48 조리장의 입지조건으로 적당하지 않은 곳은?

① 급·배수가 용이하고 소음, 악취, 분진, 공해 등이 없는 곳
② 사고발생 시 대피하기 쉬운 곳
③ 조리장이 지하층에 위치하여 조용한 곳
④ 재료의 반입, 오물의 반출이 편리한 곳

49 버터 대용품으로 생산되고 있는 식물성 유지는?

① 쇼트닝 ② 마가린
③ 마요네즈 ④ 땅콩버터

50 조미의 기본 순서로 가장 옳은 것은?

① 설탕 → 소금 → 간장 → 식초
② 설탕 → 식초 → 간장 → 소금
③ 소금 → 식초 → 간장 → 설탕
④ 간장 → 설탕 → 식초 → 소금

51 편육을 할 때 가장 적합한 삶기 방법은?

① 끓는 물에 고기를 덩어리째 넣고 삶는다.
② 끓는 물에 고기를 잘게 썰어 넣고 삶는다.
③ 찬물에서부터 고기를 넣고 삶는다.
④ 찬물에서부터 고기와 생강을 넣고 삶는다.

답안 표기란	
47	① ② ③ ④
48	① ② ③ ④
49	① ② ③ ④
50	① ② ③ ④
51	① ② ③ ④

52 소화흡수가 잘 되도록 하는 방법으로 가장 적절한 것은?

① 짜게 먹는다.
② 동물성 식품과 식물성 식품을 따로따로 먹는다.
③ 식품을 잘게 썰고 연하게 조리하여 먹는다.
④ 한꺼번에 많은 양을 먹는다.

53 먹다 남은 찹쌀떡을 보관하려고 할 때 노화가 가장 빨리 일어나는 보관 방법은?

① 상온 보관
② 온장고 보관
③ 냉동고 보관
④ 냉장고 보관

54 녹색 채소를 데칠 때 소다를 넣을 경우 나타나는 현상이 아닌 것은?

① 채소의 질감이 유지된다.
② 채소의 색을 푸르게 고정시킨다.
③ 비타민 C가 파괴된다.
④ 채소의 섬유질을 연화시킨다.

55 달걀에서 시간이 지남에 따라 나타나는 변화가 아닌 것은?

① 호흡작용을 통해 알칼리성으로 된다.
② 흰자의 점성이 커져 끈적끈적해진다.
③ 흰자에서 황화수소가 검출된다.
④ 주위의 냄새를 흡수한다.

한식조리

56 전처리의 장점으로 바르지 않은 것은?

① 음식물 쓰레기가 감소한다.
② 업무의 효율성이 증가한다.
③ 당일조리가 가능해 진다.
④ 위해요소의 완벽한 제거로 위생적이다.

답안 표기란

52	① ② ③ ④
53	① ② ③ ④
54	① ② ③ ④
55	① ② ③ ④
56	① ② ③ ④

57 죽을 조리하는 방법으로 틀린 것은?

① 주재료 곡물을 충분히 물에 담갔다가 사용한다.
② 물을 나누어 넣어 죽 전체가 잘 어우러지게 한다.
③ 일반적인 죽의 물 분량은 쌀 용량의 5~6배이다.
④ 죽을 쑤는 동안 너무 자주 젓지 않도록 한다.

58 춘향전에 방자가 고기를 양념할 겨를도 없이 얼른 구워 먹었다는 데서 유래된 소고기에 소금을 뿌려 구운 것은?

① 방자구이
② 김구이
③ 염통구이
④ 장포육

59 숙채에 대한 설명으로 틀린 것은?

① 호박, 오이 등은 소금에 절였다가 기름에 무친다.
② 콩나물은 끓는 물에 데쳐서 무친다.
③ 시금치, 쑥갓은 끓는 물에 소금을 약간 넣고 데쳐 찬물에 헹궈서 사용한다.
④ 잡채, 겨자채 등이 속한다.

60 구이를 할 때 재료를 부드럽게 하는 방법으로 잘못된 것은?

① 설탕을 첨가하여 단백질의 열 응고를 지연시킨다.
② 고기의 경우 만육기로 두드리거나 고기결의 직각 방향으로 썬다.
③ 양념은 만들어 묻히고 바로 굽는다.
④ 단백질 분해 효소가 있는 파인애플이나 배 등을 첨가한다.

답안 표기란	
57	① ② ③ ④
58	① ② ③ ④
59	① ② ③ ④
60	① ② ③ ④

한식조리기능사 필기 모의고사 ⑩

수험번호 :
수험자명 :

제한 시간 : 60분
남은 시간 : 60분

글자 크기 100% 150% 200% 화면 배치

전체 문제 수 : 60
안 푼 문제 수 :

답안 표기란

1	① ② ③ ④
2	① ② ③ ④
3	① ② ③ ④
4	① ② ③ ④
5	① ② ③ ④

음식 위생관리

1 다음 중 미생물에 의한 식품의 부패 원인과 가장 관계가 깊은 것은?

① 습도 ② 냄새
③ 색도 ④ 광택

2 채소류를 매개로 감염될 수 있는 기생충이 아닌 것은?

① 회충 ② 유구조충
③ 구충 ④ 편충

3 쇠고기를 가열하지 않고 회로 먹을 때 생길 수 있는 가능성이 가장 큰 기생충은?

① 민촌충 ② 선모충
③ 유구조충 ④ 회충

4 간흡충증의 제2중간숙주는?

① 잉어 ② 쇠우렁이
③ 물벼룩 ④ 다슬기

5 4대 온열요소에 속하지 않는 것은?

① 기류 ② 기압
③ 기습 ④ 복사열

6 일반적으로 생물화학적 산소요구량(BOD)과 용존산소량(DO)은 어떤 관계가 있는가?

① BOD가 높으면 DO도 높다.
② BOD가 높으면 DO는 낮다.
③ BOD와 DO는 항상 같다.
④ BOD와 DO는 무관하다.

7 소음으로 인한 피해와 거리가 먼 것은?

① 불쾌감 및 수면장애
② 작업능률 저하
③ 위장기능 저하
④ 맥박과 혈압의 저하

8 세균으로 인한 식중독 원인물질이 아닌 것은?

① 살모넬라균
② 장염비브리오균
③ 아플라톡신
④ 보툴리눔독소

9 황변미 중독은 14~15% 이상의 수분을 함유하는 저장미에서 발생하기 쉬운데 그 원인 미생물은?

① 곰팡이　② 세균
③ 효모　④ 바이러스

10 감자의 발아 부위와 녹색 부위에 있는 자연독은?

① 에르고톡신　② 무스카린
③ 테트로도톡신　④ 솔라닌

답안 표기란	
6	① ② ③ ④
7	① ② ③ ④
8	① ② ③ ④
9	① ② ③ ④
10	① ② ③ ④

11 다음 중 치사율이 가장 높은 독소는?

① 삭시톡신 ② 베네루핀
③ 테트로도톡신 ④ 엔테로톡신

12 혐기상태에서 생산된 독소에 의해 신경증상이 나타나는 세균성 식중독은?

① 황색포도상구균 식중독
② 클로스트리디움 보툴리눔 식중독
③ 장염비브리오 식중독
④ 살모넬라 식중독

13 황색포도상구균에 의한 식중독 예방대책으로 적합한 것은?

① 토양의 오염을 방지하고 특히 통조림의 살균을 철저히 해야 한다.
② 쥐나 곤충 및 조류의 접근을 막아야 한다.
③ 어패류를 저온에서 보존하며 생식하지 않는다.
④ 화농성 질환자의 식품취급을 금지한다.

14 다음 중 살모넬라에 오염되기 쉬운 대표적인 식품은?

① 과실류 ② 해초류
③ 난류 ④ 통조림

15 소독약과 유효한 농도의 연결이 적합하지 않은 것은?

① 알코올 – 5% ② 과산화수소 – 3%
③ 석탄산 – 3% ④ 승홍수 – 0.1%

답안 표기란	
11	① ② ③ ④
12	① ② ③ ④
13	① ② ③ ④
14	① ② ③ ④
15	① ② ③ ④

16 병원체가 생활, 증식, 생존을 계속하여 인간에게 전파될 수 있는 상태로 저장되는 곳을 무엇이라 하는가?

① 숙주 ② 보균자
③ 환경 ④ 병원소

17 병원체가 바이러스(virus)인 질병은?

① 장티푸스 ② 결핵
③ 유행성 간염 ④ 발진열

18 매개곤충과 질병이 잘못 연결된 것은?

① 이 – 발진티푸스
② 쥐벼룩 – 페스트
③ 모기 – 사상충증
④ 벼룩 – 렙토스피라증

19 인수공통감염병으로 그 병원체가 세균인 것은?

① 일본뇌염 ② 공수병
③ 광견병 ④ 결핵

20 영업허가를 받아야 하는 업종은?

① 식품운반업
② 유흥주점영업
③ 식품제조가공업
④ 식품소분판매업

답안 표기란

16	① ② ③ ④
17	① ② ③ ④
18	① ② ③ ④
19	① ② ③ ④
20	① ② ③ ④

21 판매를 목적으로 하는 식품에 사용하는 기구, 용기, 포장의 기준과 규격을 정하는 기관은?

① 농림축산식품부
② 산업통상자원부
③ 보건소
④ 식품의약품안전처

22 식품의 조리 가공, 저장 중에 생성되는 유해물질 중 아민이나 아미드류와 반응하여 니트로소 화합물을 생성하는 성분은?

① 지질 ② 아황산
③ 아질산염 ④ 삼염화질소

23 중금속에 의한 중독과 증상을 바르게 연결한 것은?

① 납 중독 – 빈혈 등의 조혈장애
② 수은 중독 – 골연화증
③ 카드뮴 중독 – 흑피증, 각화증
④ 비소 중독 – 사지마비, 보행장애

24 다음 중 천연항산화제와 거리가 먼 것은?

① 토코페롤 ② 스테비아 추출물
③ 플라본 유도체 ④ 고시폴

25 규폐증과 관계가 먼 것은?

① 유리규산
② 암석가공업
③ 골연화증
④ 폐조직의 섬유화

답안 표기란	
21	① ② ③ ④
22	① ② ③ ④
23	① ② ③ ④
24	① ② ③ ④
25	① ② ③ ④

음식 안전관리

26 **작업장 내에서 조리 작업자의 안전수칙으로 바르지 않은 것은?**

① 안전한 자세로 조리
② 조리작업을 위해 편안한 조리복만 착용
③ 짐을 옮길 때 충돌 위험 감지
④ 뜨거운 용기를 이용할 때에는 장갑 사용

음식 재료관리

27 **영양소에 대한 설명 중 틀린 것은?**

① 영양소는 식품의 성분으로 생명현상과 건강을 유지하는데 필요한 요소이다.
② 건강이라 함은 신체적, 정신적, 사회적으로 건전한 상태를 말한다.
③ 물은 체조직 구성 요소로서 보통 성인 체중의 2/3를 차지하고 있다.
④ 조절소란 열량을 내는 무기질과 비타민을 말한다.

28 **알코올 1g당 열량산출 기준은?**

① 0kcal ② 4kcal
③ 7kcal ④ 9kcal

29 **효소적 갈변 반응을 방지하기 위한 방법이 아닌 것은?**

① 가열하여 효소를 불활성화 시킨다.
② 효소의 최적조건을 변화시키기 위해 pH를 낮춘다.
③ 아황산가스 처리를 한다.
④ 산화제를 첨가한다.

답안 표기란

26	① ② ③ ④
27	① ② ③ ④
28	① ② ③ ④
29	① ② ③ ④

30 다음 물질 중 동물성 색소는?

① 클로로필　② 플라보노이드
③ 헤모글로빈　④ 안토잔틴

31 알칼로이드성 물질로 커피의 자극성을 나타내고 쓴맛에도 영향을 미치는 성분은?

① 주석산(tartaric acid)
② 카페인(caffein)
③ 탄닌(tannin)
④ 개미산(formic acid)

32 쌀에서 섭취한 전분이 체내에서 에너지를 발생하기 위해서 반드시 필요한 것은?

① 비타민 A　② 비타민 B_1
③ 비타민 C　④ 비타민 D

33 다음 중 비타민 D의 전구물질로 프로비타민 D로 불리는 것은?

① 프로게스테론(progesterone)
② 에르고스테롤(ergosterol)
③ 시토스테롤(sitosterol)
④ 스티그마스테롤(stigmasterol)

34 요오드값(iodine value)에 의한 식물성유의 분류로 맞는 것은?

① 건성유 – 올리브유, 우유유지, 땅콩기름
② 반건성유 – 참기름, 채종유, 면실유
③ 불건성유 – 아마인유, 해바라기유, 동유
④ 경화유 – 미강유, 야자유, 옥수수유

답안 표기란

30	① ② ③ ④
31	① ② ③ ④
32	① ② ③ ④
33	① ② ③ ④
34	① ② ③ ④

35 식품에 존재하는 물의 형태 중 자유수에 대한 설명으로 틀린 것은?

① 식품에서 미생물의 번식에 이용된다.
② −20℃에서도 얼지 않는다.
③ 100℃에서 증발하여 수증기가 된다.
④ 식품을 건조시킬 때 쉽게 제거된다.

36 다음 중 이당류가 아닌 것은?

① 설탕(sucrose)
② 유당(lactose)
③ 과당(fructose)
④ 맥아당(maltose)

37 인체 내에서 소화가 잘 안되며, 장내 가스 발생인자로 잘 알려진 대두에 존재하는 소당류는?

① 스타키오스(stachyose)
② 과당(fructose)
③ 포도당(glucose)
④ 유당(lactose)

음식 구매관리

38 고등어 150g을 돼지고기로 대체하려고 한다. 고등어의 단백질 함량을 고려했을 때 돼지고기는 약 몇 g 필요한가?(단, 고등어 100g당 단백질 함량 : 20.2g, 지질 : 10.4g, 돼지고기 100g당 단백질 함량 : 18.5g, 지질 : 13.9g)

① 137g　　② 152g
③ 164g　　④ 178g

답안 표기란

35	① ② ③ ④
36	① ② ③ ④
37	① ② ③ ④
38	① ② ③ ④

39 다음 중 신선한 우유의 특징은?

① 투명한 백색으로 약간의 감미를 가지고 있다.
② 물이 담긴 컵 속에 한 방울 떨어뜨렸을 때 구름같이 퍼져가며 내려간다.
③ 진한 황색이며 특유한 냄새를 가지고 있다.
④ 알코올과 우유를 동량으로 섞었을 때 백색의 응고가 일어난다.

한식 기초 조리실무

40 주로 동결건조로 제조되는 식품은?

① 설탕
② 당면
③ 크림케이크
④ 분유

41 다음 중 식단 작성 시 고려해야 할 사항으로 옳지 않은 것은?

① 급식대상자의 영양 필요량
② 급식대상자의 기호성
③ 식단에 따른 종업원 및 필요기기의 활용
④ 한식의 메뉴인 경우 국(찌개), 주찬, 부찬, 주식, 김치류의 순으로 식단표 기재

42 다음 중 계량방법이 올바른 것은?

① 마가린을 잴 때는 실온일 때 계량컵에 꼭꼭 눌러 담고, 직선으로 된 칼이나 spatula로 깎아 계량한다.
② 밀가루를 잴 때는 측정 직전에 체로 친 뒤 눌러서 담아 직선 spatula로 깎아 측정한다.
③ 흑설탕을 측정할 때는 체로 친 뒤 누르지 말고 가만히 수북하게 담고 직선 spatula로 깎아 측정한다.
④ 쇼트닝을 계량할 때는 냉장 온도에서 계량컵에 꼭 눌러 담은 뒤, 직선 spatula로 깎아 측정한다.

답안 표기란	
39	① ② ③ ④
40	① ② ③ ④
41	① ② ③ ④
42	① ② ③ ④

43 **채소를 냉동하기 전 블랜칭(blanching)하는 이유로 틀린 것은?**

① 효소의 불활성화
② 미생물 번식의 억제
③ 산화반응 억제
④ 수분감소 방지

44 **전자레인지의 주된 조리원리는?**

① 복사 ② 전도
③ 대류 ④ 초단파

45 **점성이 없고 보슬보슬한 매쉬드 포테이토(mashed potato)용 감자로 가장 알맞은 것은?**

① 충분히 숙성한 분질의 감자
② 전분의 숙성이 불충분한 수확 직후의 햇감자
③ 소금 1컵 : 물 11컵의 소금물에서 표면에 뜨는 감자
④ 10℃ 이하의 찬 곳에 저장한 감자

46 **유지류의 조리 이용 특성과 거리가 먼 것은?**

① 열 전달매체로서의 튀김
② 밀가루 제품의 연화작용
③ 지방의 유화작용
④ 결합체로서의 응고성

47 **어류의 부패 속도에 대하여 가장 올바르게 설명한 것은?**

① 해수어가 담수어보다 쉽게 부패한다.
② 얼음물에 보관하는 것보다 냉장고에 보관하는 것이 더 쉽게 부패한다.
③ 토막을 친 것이 통째로 보관하는 것보다 쉽게 부패한다.
④ 어류는 비늘이 있어서 미생물의 침투가 육류에 비해 늦다.

답안 표기란	
43	① ② ③ ④
44	① ② ③ ④
45	① ② ③ ④
46	① ② ③ ④
47	① ② ③ ④

48 난백으로 거품을 만들 때의 설명으로 옳은 것은?

① 레몬즙을 1~2방울 떨어뜨리면 거품 형성을 용이하게 한다.
② 지방은 거품 형성을 용이하게 한다.
③ 소금은 거품의 안정성에 기여한다.
④ 묽은 달걀보다 신선란이 거품 형성을 용이하게 한다.

49 우유의 카제인을 응고시킬 수 있는 것으로 되어있는 것은?

① 탄닌 – 레틴 – 설탕
② 식초 – 레닌 – 탄닌
③ 레닌 – 설탕 – 소금
④ 소금 – 설탕 – 식초

50 못처럼 생겨서 정향이라고도 하며 양고기, 피클, 청어절임, 마리네이드 절임 등에 이용되는 향신료는?

① 클로브　② 코리엔더
③ 캐러웨이　④ 아니스

51 아이스크림을 만들 때 굵은 얼음 결정이 형성되는 것을 막아 부드러운 질감을 갖게 하는 것은?

① 설탕　② 달걀
③ 젤라틴　④ 지방

답안 표기란

48	① ② ③ ④
49	① ② ③ ④
50	① ② ③ ④
51	① ② ③ ④

52 **냉동식품에 대한 설명으로 잘못된 것은?**

① 어육류는 다듬은 후, 채소류는 데쳐서 냉동하는 것이 좋다.
② 어육류는 냉동이나 해동 시에 질감 변화가 나타나지 않는다.
③ 급속 냉동을 해야 식품 중의 물이 작은 크기의 얼음 결정을 형성하여 조직의 파괴가 적게 된다.
④ 얼음 결정의 성장은 빙점 이하에서는 온도가 높을수록 빠르므로 −18℃ 부근에서 저장하는 것이 바람직하다.

53 **전분 식품의 노화를 억제하는 방법으로 적합하지 않은 것은?**

① 설탕을 첨가한다.
② 식품을 냉장 보관한다.
③ 식품의 수분함량을 15% 이하로 한다.
④ 유화제를 사용한다.

54 **아밀로펙틴에 대한 설명으로 틀린 것은?**

① 찹쌀은 아밀로펙틴으로만 구성되어 있다.
② 기본단위는 포도당이다.
③ a−1,4 결합과 a−1,6 결합으로 되어 있다.
④ 요오드와 반응하면 갈색을 띤다.

55 **두류 조리 시 두류를 연화시키는 방법으로 틀린 것은?**

① 1% 정도의 식염용액에 담갔다가 그 용액으로 가열한다.
② 초산용액에 담근 후 칼슘, 마그네슘이온을 첨가한다.
③ 약알칼리성의 중조수에 담갔다가 그 용액으로 가열한다.
④ 습열조리 시 연수를 사용한다.

답안 표기란

52	① ② ③ ④
53	① ② ③ ④
54	① ② ③ ④
55	① ② ③ ④

한식조리

56 육수에 사용되는 부재료가 아닌 것은?

① 대파뿌리　② 무
③ 고추씨　④ 산초

57 음식을 담을 때 담음새의 조화요소가 아닌 것은?

① 색감　② 형태
③ 재료　④ 담는 양

58 밥맛에 영향을 주는 요인으로 거리가 먼 것은?

① 0.03%의 소금을 첨가하면 밥맛이 좋다.
② 밥물의 pH가 7~8인 것을 사용하면 밥맛이 좋다.
③ 쌀의 저장 기간이 짧을수록 밥맛이 좋다.
④ 밥물의 산도가 높아질수록 밥맛이 좋다.

59 구이의 장점에 대한 설명으로 바르지 않은 것은?

① 고온가열하므로 성분 변화가 심하다.
② 수용성 물질의 용출이 끓이는 것보다 많다.
③ 식품 자체의 성분이 용출되지 않고 표피 가까이에 보존된다.
④ 익히는 맛과 향이 잘 조화된다.

60 밥과 죽을 만들 때의 큰 차이점은 무엇인가?

① 물의 함량　② 주재료의 종류
③ 소금의 양　④ 육수의 사용여부

답안 표기란	
56	① ② ③ ④
57	① ② ③ ④
58	① ② ③ ④
59	① ② ③ ④
60	① ② ③ ④

한식 조리기능사 필기

빈출문제 10회

한식조리기능사 필기 모의고사 ① 정답 및 해설

정답

1	①	2	④	3	③	4	③	5	①	6	②	7	①	8	②	9	②	10	④
11	②	12	③	13	①	14	②	15	③	16	②	17	③	18	④	19	②	20	①
21	③	22	④	23	①	24	②	25	②	26	④	27	①	28	④	29	①	30	②
31	②	32	①	33	③	34	②	35	②	36	③	37	③	38	③	39	①	40	①
41	②	42	②	43	③	44	②	45	②	46	③	47	②	48	②	49	①	50	①
51	④	52	④	53	②	54	①	55	④	56	②	57	④	58	①	59	②	60	①

해설

음식 위생관리

1 수분 활성치(Aw) 순서 : 세균(0.90~0.95) 〉 효모(0.88) 〉 곰팡이(0.65~0.80)

2 발효 : 탄수화물이 미생물의 작용을 받아 유기산, 알코올 등을 생성하게 되는 현상(유일하게 먹을 수 있음)

3
- 요충 : 집단감염, 항문에 기생
- 구충(십이지장충) : 경구감염, 경피감염

4 아니사키스충 : 제1중간숙주(갑각류) – 제2중간숙주(포유류 : (돌)고래 등)

5 석탄산
- 변소, 하수도 등 오물소독에 사용
- 소독약의 살균력 지표로 이용됨(유기물이 있어도 살균력이 약화되지 않음)

6
- 영양강화제 : 식품의 영양 강화를 위한 것
- 보존료(방부제) : 식품의 변질이나 변패를 방지하는 것
- 품질개량제 : 식품의 품질을 개량하거나 유지하기 위한 것

7
- 납(Pb) : 인쇄, 유약 바른 도자기, 구토, 복통, 설사, 소변에서 코프로포르피린 검출
- 주석(Sn) : 통조림 내부 도장, 구토, 설사, 복통

8 독소형 식중독 : 황색포도상구균 식중독, 클로스트리디움 보툴리늄 식중독

9 황색포도상구균 식중독 예방 : 손이나 몸에 화농이 있는 사람 식품 취급 금지

10 경구감염병이자 소화기계 감염병(콜레라, 장티푸스, 파라티푸스, 세균성이질, 장출혈성대장균감염증, A형간염)은 물, 음식, 식기 등을 매개로 하여 입을 통하여 감염되므로 환경위생을 철저히 함으로써 예방이 가능하다.

11 기온의 역전 : 상부기온이 하부기온보다 높아지는 현상, 대표적으로 LA스모그, 런던스모그

12 영아사망률은 1년간 출생 후 1,000명당 생후 1년 미만의 사망자 수를 의미하며, 가장 대표적인 보건수준 평가지표이다.

13 복어독은 열에 강하여 쉽게 파괴되지 않는다.

14 유해감미료 : 둘신, 사이클라메이트, 에틸렌글리콜, 페릴라르틴 등

15 곰팡이 독소 : 아플라톡신, 시트리닌, 파툴린

16 노로바이러스 식중독
- 겨울에 발생 빈도 높음
- 예방대책 : 손 씻기, 식품을 충분히 가열
- 백신 및 치료법 없음

17 집단급식소 : 영리를 목적으로 하지 아니하고 계속적으로 특정 다수인에게 음식물을 공급하는 기숙사, 학교, 병원, 사회복지시설, 산업체, 공공기관 그 밖의 후생기관 등의 급식시설로서 대통령령으로 정하는 시설

18 휴게음식점 또는 제과점은 객실(투명한 칸막이 또는 투명한 차단벽을 설치하여 내부가 전체적으로 보이는 경우를 제외)을 둘 수 없다.

19 • 파리 : 장티푸스, 파라티푸스, 이질, 콜레라
• 이, 벼룩 : 발진티푸스

20 콜레라는 병원체가 세균인 소화기계 감염병으로, 위장장애, 구토, 설사, 탈수 등을 일으킨다.

21 산패 : 유지나 유지를 포함한 식품을 오랫동안 저장하여 산소, 광선, 온도, 효소, 미생물, 금속, 수분 등에 노출되었을 때 색깔, 맛, 냄새 등이 변하게 되는 현상

22 저온장해 – 참호족

음식 안전관리

23 가스관은 정기적으로 점검한다.

음식 재료관리

24 불건성유(요오드가 100 이하) : 피마자유, 올리브유, 야자유, 동백유, 땅콩유

25 단당류 : 5탄당(리보스, 아라비노스, 자일로스), 6탄당(포도당, 과당, 갈락토오스, 만노오스)

26 유화
• 수중유적형(O/W, 물 속에 기름이 분산) : 우유, 마요네즈, 아이스크림, 크림수프
• 유중수적형(W/O, 기름 속에 물 분산) : 마가린, 버터

27 황 함유 아미노산 : 메티오닌, 시스테인, 시스틴 등

28 비타민 A(레티놀) 결핍증 : 야맹증, 안구건조증, 결막염

29 비타민 결핍증
• 괴혈병 : 비타민 C
• 야맹증 : 비타민 A
• 각기병 : 비타민 B_1
• 구각염 : 비타민 B_2

30 글루탐산 : 간장, 다시마 등의 감칠맛을 내는 주된 아미노산

31 맛의 대비현상 : 서로 다른 2가지 맛이 작용해 주된 맛성분이 강해지는 현상

32 카로티노이드
• 산화효소에 의해 쉽게 산화된다.
• 자외선에 대해서 불안정하다.
• 물에 쉽게 용해되지 않는다.

33 • 효소적 갈변 : 홍차 갈변, 감자 갈변, 다진 양송이의 갈변
• 비효소적 갈변 : 간장의 갈색

34 매운맛 성분
• 후추 : 차비신
• 겨자 : 시니그린

음식 구매관리

35 원가의 3요소 : 재료비, 노무비, 경비

36 닭고기의 뼈(관절) 부위가 변색된 것은 조리하는 과정에서 생길 수 있는 일반적인 현상으로 변질된 것과는 상관이 없다.

37 재고는 물품부족으로 인한 급식생산 계획의 차질을 미연에 방지할 수 있는 정도로만 보유하는 것이 적당하다.

38 폐기율(%) 순서 : 곡류·두류·해조류·유지류 등(0) 〈 달걀(20) 〈 서류(30) 〈 채소류·과일류(50) 〈 육류(60) 〈 어패류(85)

한식 기초 조리실무

39 • 젤라틴 : 아이스크림, 마시멜로, 족편, 젤리, 아이스크림 등
• 한천 : 양갱, 양장피 등

40 • 만니톨 : 건조된 갈조류 표면의 흰가루 성분, 단맛
• 알긴산 : 해조류에서 추출한 점액질 물질, 안정제, 유화제

41 조미료의 사용 순서 : 설탕 → 소금 → 식초 → 간장 → 된장 → 고추장

42 치즈는 유단백질인 카제인을 효소인 레닌에 의하여 응고시켜 만든 발효식품이다.

43 계란의 껍질이 반들반들하고 매끄러운 것은 부패한 것이다.

44 열변성이 되지 않은 어육단백질이 생강의 탈취 작용을 방해하기 때문에 고기나 생선이 거의 익은 후에 생강을 넣어준다.

45 소고기의 부위별 용도
- 앞다리 : 불고기, 육회, 구이
- 설도 : 육포, 육회, 불고기
- 목심 : 불고기, 국거리
- 우둔 : 산적, 장조림, 육포

46 니트로소미오글로빈 : 소고기를 가공할 때 염지(소금물에 담가 놓는 것)에 의해 원료육의 미오글로빈으로부터 생성되며, 비가열 식육제품인 햄 등의 고정된 육색을 나타내는 물질

47 식육의 동결과 해동 시 조직 손상을 최소화 할 수 있는 방법은 급속 동결, 완만 해동이다.

48 잼 : 과일(사과, 포도, 딸기, 감귤 등)의 과육을 전부 이용하여 설탕(60~65%)을 넣고 점성을 띠게 농축한 것이다. 배, 감 등은 펙틴과 유기산의 함량이 부족하여 잼에 이용하지 않는다.

49
- 비타민 D는 자외선을 쬐면 합성되어 반드시 음식으로 섭취하지 않아도 된다.
- 색소의 고정효과로는 Ca^{++}이 많이 사용되지 않는다.
- 과일을 깎을 때 쇠칼을 사용하는 것은 맛, 영양가, 외관과 상관없다.

50 맛있게 지어진 밥은 쌀 무게의 1.2~1.4배 정도의 물을 흡수한다.

51 전분의 호정화(덱스트린화) : 날 전분(β전분)에 물을 가하지 않고 160~170℃로 가열했을 때 가용성 전분을 거쳐 덱스트린(호정)으로 분해되는 반응(누룽지, 토스트, 팝콘, 미숫가루, 뻥튀기)

52 김치가 국물에 푹 잠겨 수분을 흡수하면 김치 조직이 물러지지 않는다.

53 우유는 투명기구를 사용하여 액체 표면의 아랫부분을 눈과 수평으로 하여 계량한다.

54 호화(α화)에 영향을 주는 요소 : 물, 열

55 아이스크림 : 크림에 설탕, 유화제, 안정제(젤라틴), 지방 등을 첨가하여 공기를 불어 넣은 후 동결

한식조리

56 돌상에는 떡, 쌀, 국수를 폐백상에는 편포 또는 육포, 술, 메, 갱 등을 제상에는 전, 해, 나물, 건과, 제주 등이 올라간다.

57 3첩 첩수에 들어가는 음식 : 생채, 숙채, 구이 또는 조림

58 산적 : 날 재료를 양념하여 꼬챙이에 꿰어 굽거나, 살코기 편이나 섭산적처럼 다진 고기를 반대기 지어 석쇠로 굽는 것

59 15분 정도의 뜸을 들이는 시간일 때 밥 냄새와 향미가 가장 좋다.

60 전복의 맛 성분
- 감칠맛 : 글루탐산, 아데닐산
- 단맛 : 아르기닌, 글리신, 베타인

한식조리기능사 필기 모의고사 ❷ 정답 및 해설

정답

1	④	2	④	3	③	4	②	5	②	6	②	7	①	8	④	9	①	10	①
11	④	12	④	13	②	14	②	15	②	16	②	17	②	18	①	19	②	20	①
21	③	22	③	23	①	24	④	25	④	26	①	27	③	28	①	29	①	30	①
31	①	32	②	33	②	34	③	35	②	36	④	37	②	38	③	39	④	40	②
41	④	42	③	43	②	44	④	45	②	46	①	47	④	48	②	49	③	50	③
51	②	52	①	53	①	54	①	55	②	56	③	57	④	58	③	59	②	60	①

해설

음식 위생관리

1 미생물의 종류 : 곰팡이, 효모, 스피로헤타, 세균, 리케차, 바이러스 등

2
- 저온살균법 : 61~65℃에서 약 30분간 가열 살균 후 냉각(우유, 주스)
- 고온단시간살균법 : 70~75℃에서 15~30초 가열 살균 후 냉각(우유)
- 초고온순간살균법 : 130~140℃에서 1~2초 가열 살균 후 냉각(우유)

3 식품의 부패 판정 : 식품 1g당 10^7~10^8일 때 초기부패로 판정한다.

4
- 요충 : 집단감염, 항문에 기생
- 구충(십이지장충) : 경구감염, 경피감염

5 멸균 : 비병원균, 병원균 등 모든 미생물과 아포까지 완전히 사멸

6 무구조충(민촌충) : 쇠고기

7 생석회, 석탄산, 크레졸 : 분변소독

8 식품 등의 원료 및 제품 중 부패·변질이 되기 쉬운 것만 냉장·냉동시설에 보관·관리한다.

9
- 껌 기초제 : 초산비닐수지, 에스테르껌, 폴리부텐, 폴리이소부틸렌
- 피막제 : 초산비닐수지, 몰포린지방산염

10 미나마타병은 미나마타시에서 메틸수은이 포함된 어패류를 먹은 주민들에게 집단적으로 발생하는 병이다.

11 식중독 발생 시 소화제 등은 식중독 발생 원인의 역학조사를 어렵게 하므로 복용하지 않는다.

12 황색포도상구균 식중독
- 원인독소 : 엔테로톡신(장독소, 열에 강함)
- 잠복기 : 평균 3시간(잠복기가 가장 짧음)
- 예방 : 손이나 몸에 화농이 있는 사람 식품 취급 금지

13 클로스트리디움 보툴리눔 식중독
- 원인독소 : 뉴로톡신(신경독소)
- 잠복기 : 12~36시간(잠복기가 가장 길다)
- 원인식품 : 통조림, 병조림, 햄, 소시지
- 증상 : 신경마비증상(사시, 동공확대, 운동장애, 언어장애)
- 치사율 가장 높음

14
- 베네루핀 : 모시조개, 굴, 바지락, 고동
- 시큐톡신 : 독미나리
- 테트라민 : 고동, 소라
- 테무린 : 독보리

15 곰팡이 독소
- 아플라톡신 : 간장독
- 시트리닌 : 신장독

16 식품 : 의약으로 섭취되는 것을 제외한 모든 음식물

17 알레르기성 식중독
- 원인독소 : 히스타민

- 원인균 : 프로테우스 모르가니
- 원인식품 : 꽁치, 고등어 같은 붉은살 어류 및 그 가공품
- 증상 : 두드러기, 염증
- 예방 : 항히스타민제 투여

18 신체조직과 기능의 일반적인 증진을 주목적으로 하는 건강유지, 건강증진, 체력유지, 체질개선, 식이요법 등에 도움을 준다는 표현은 허위표시 및 과대광고에 해당하지 않는다.

19 일반음식점의 영업신고 : 특별자치시장·특별자치도지사 또는 시장·군수·구청장

20 일산화탄소(CO)
- 물체의 불완전 연소 시 발생(무색, 무미, 무취, 무자극, 맹독성)
- 혈액 속의 헤모글로빈과의 친화력이 산소보다 250~300배 강해 조직 내 산소결핍증 초래

21 소화기계 감염병
- 물이나 음식물의 섭취를 통해 감염(경구침입)
- 장티푸스, 파라티푸스, 세균성 이질, 콜레라, 유행성 간염, 폴리오 등

22 호흡기계 감염병
- 환자의 대화, 기침, 재채기 등을 통해 전파(비말감염)
- 디프테리아, 백일해, 결핵, 폐렴, 인플루엔자, 홍역, 풍진, 성홍열, 두창 등

23 섞어 사용하면 효과가 떨어지므로 보통비누로 먼저 때를 씻은 후 역성비누를 사용하는 것이 바람직하다.

24 혐기성처리 : 부패조법, 임호프탱크법

25 해동 중 핏물에 떨어지거나 해동 중 다른 식품의 오염을 방지하기 위해 맨 아래 칸에서 해동·보관한다.

26 고기압 상태 – 잠함병

음식 안전관리

27 주방 내 미끄럼 사고 원인
- 바닥이 젖은 상태
- 기름이 있는 바닥
- 시야가 차단된 경우
- 낮은 조도로 인해 어두운 경우
- 매트가 주름진 경우
- 노출된 전선

음식 재료관리

28 맛의 변조현상 : 한 가지 맛을 느낀 후 바로 다른 맛을 보면 원래의 식품 맛이 다르게 느껴지는 현상

29
- 이노신산 : 육류나 어류의 구수한 맛
- 호박산 : 조개류
- 알리신 : 마늘의 매운맛 성분
- 나린진 : 감귤류의 쓴맛

30 비타민 C : 항산화제의 보조제로 작용하며, 칼슘·철의 흡수에 도움을 준다. 또한 산에는 안정하나 알칼리, 열 등에 불안정하고, 조리 시 가장 손실이 많은 영양소이다.

31
- 칼슘(Ca) : 골격과 치아에 가장 많이 존재하는 무기질
- 요오드(I) : 부족 시에는 갑상선종이 생김
- 철의 필요량은 남녀에 따라 다르다.

32 경화(수소화) : 불포화지방산에 수소를 첨가하고 촉매제를 사용하여 포화지방산으로 만드는 것(마가린, 쇼트닝 등)

33
- 자유수는 용매로 작용한다.
- 자유수는 표면장력과 점성이 크다.
- 결합수는 자유수보다 밀도가 크다.

34 사과, 배 등 신선한 과일은 갈변을 방지하기 위해 설탕물, 소금물, 레몬즙, 오렌지즙 등에 담가서 보관한다.

35 영양소와 그 소화효소
- 탄수화물 : 아밀라아제
- 지방 : 리파아제, 스테압신
- 단백질 : 펩신, 트립신

36
- 탄수화물 : 보리밥
- 단백질 : 된장국, 달걀
- 지방 : 부침, 무침
- 무기질, 비타민 : 시금치, 콩나물, 배추김치

음식 구매관리

37 후입선출법 : 선입선출법과 정반대로 나중에 구입한 재료부터 먼저 사용한다는 가정 아래에서 재료의 소비가격을 계산하는 방법

38 일반적인 식품의 구매방법
- 고등어는 신선도가 중요하므로 필요할 때마다 수시로 구입한다.

- 느타리버섯은 신선도가 중요하므로 필요에 따라 수시로 구입한다.
- 소고기는 중량과 부위에 유의하여 구입하며, 냉장시설의 구비 시 1주일분을 구입한다.

39
- 돼지고기는 연분홍색으로 탄력성이 있는 것
- 고등어는 아가미가 붉고 눈이 약간 튀어나오고 냄새가 없는 것
- 계란은 껍질이 까칠까칠하고 기실이 작은 것

40 제조원가 = (직접재료비 + 직접노무비 + 직접경비) + 제조간접비(간접재료비 + 간접노무비 + 간접경비) = (10,000원 + 23,000원 + 15,000원) + 15,000원 = 63,000원

한식 기초 조리실무

41 찹쌀떡이 멥쌀떡보다 더 늦게 굳는 이유는 노화지연과 관련이 있는 아밀로펙틴의 함량이 많기 때문이다.

42 식혜는 50~60℃의 온도가 유지되어야 효소 반응이 잘 일어나 밥알이 뜨기 시작한다.

43 밀가루의 단백질은 탄성이 높은 글루테닌과 점성이 높은 글리아딘으로 분류되며, 밀가루에 물을 첨가하고 반죽하게 되면 높은 점성과 탄성을 가진 글루텐이 형성된다.

44 날콩에는 안티트립신이 함유되어 있어 단백질의 체내 이용을 저해하여 소화를 방해하지만 가열 시에 파괴된다.

45 데칠 때 산(식초)을 넣으면 엽록소가 페오피틴(녹황색)으로 변한다.

46 발연점
- 가열 횟수가 많으면 발연점이 낮아진다.
- 정제도가 높으면 발연점이 높아진다.
- 유리지방산의 양이 많으면 발연점이 낮아진다.

47 액토미오신의 합성은 사후경직 시 나타나는 현상이다.

48 부드러운 살코기로서 맛이 좋으며 구이, 전골, 산적용으로 적당한 쇠고기 부위는 안심, 채끝, 우둔이다.

49 신선한 생선은 비늘이 고르게 밀착되어 있고 광택이 나며 점액이 별로 없다.

50 식초 : 수란을 뜰 때 끓는 물에 넣고 달걀을 넣으면 난백의 응고를 돕고, 작은 생선을 사용할 때 소량 가하면 뼈까지 부드러워지며, 기름기 많은 재료에 사용하면 맛이 부드럽고 산뜻해진다. 음식의 색을 고려하여 녹색채소를 무칠 때 가장 나중에 넣어야 한다.

51 비가열 조리법은 식품이 지닌 영양소의 손실이 적고 조리가 간단하며, 시간이 절약된다. 종류에는 생채, 무침, 냉채, 샐러드, 회 등이 있다.

52 흰자의 단백질은 대부분이 오브알부민으로 기포성에 영향을 준다.

53
- 알라닌 : 아미노산의 일종
- 아스타신 : 갑각류, 어류, 극피동물에 존재하는 카로티노이드계 색소
- 헤스페리딘 : 감귤류 등에 많이 존재하는 폴리페놀의 일종

54 탄닌 : 차, 커피, 코코아, 익지 않은 과일(감) 등에서 수렴성 맛(떫은맛)을 주는 성분

55 생선은 결체조직의 함량이 낮으므로 주로 건열 조리법을 사용해야 한다.

한식조리

56 한가위(8월 15일) : 토란탕, 송편, 햇과일, 햅쌀밥, 송이산적, 삼색나물, 배숙, 잡채, 갈비찜

57 떡의 종류
- 찐 떡 : 백설기, 팥시루떡, 두텁떡, 증편, 송편
- 삶은 떡 : 경단
- 지지는 떡 : 화전

58 첩수에 들어가지 않는 음식 : 밥, 국, 김치, 장, 찌개, 찜, 전골

59 미나리초대 : 줄기부분만 꼬지에 끼워 밀가루, 달걀을 묻히고 양면을 지져 사용

60 산적은 날 재료를 양념하여 꿰어 굽는다.

한식조리기능사 필기 모의고사 ③ 정답 및 해설

정답

1	②	2	④	3	①	4	④	5	②	6	②	7	②	8	②	9	②	10	①
11	④	12	④	13	①	14	③	15	①	16	②	17	①	18	③	19	③	20	③
21	②	22	①	23	④	24	②	25	②	26	①	27	③	28	②	29	②	30	④
31	①	32	②	33	①	34	①	35	③	36	④	37	③	38	③	39	①	40	①
41	③	42	③	43	①	44	③	45	②	46	①	47	④	48	①	49	④	50	①
51	④	52	③	53	③	54	④	55	④	56	③	57	③	58	③	59	②	60	②

해설

음식 위생관리

1 미생물 생육에 필요한 인자 : 영양소, 수분, 온도, 산소, pH

2 분변오염지표균 : 대장균

3 십이지장충(구충)은 중간숙주가 없다.

4 식품첨가물
- 안식향산 : 보존료
- 토코페롤 : 항산화제
- 질산나트륨 : 발색제

5 카드뮴(Cd) : 이타이이타이병(골연화증)

6 살모넬라 식중독
- 감염원 : 쥐, 파리, 바퀴벌레, 닭 등
- 원인식품 : 육류 및 그 가공품, 어패류, 알류, 우유 등
- 증상 : 급성 위장증상 및 급격한 발열
- 예방 : 방충, 방서, 60℃에서 30분 이상 가열

7 사망률이 높은 식중독은 클로스트리디움 보툴리눔 식중독이다.

8 클로스트리디움 보툴리눔 식중독
- 원인독소 : 뉴로톡신(신경독소)
- 잠복기 : 12~36시간(잠복기가 가장 길다)
- 원인식품 : 통조림, 병조림, 햄, 소시지
- 증상 : 신경마비증상(사시, 동공확대, 운동장애, 언어장애)
- 치사율 가장 높음

9 자연독
- 섭조개 : 삭시톡신
- 독미나리 : 시큐톡신

10 유기인제 : 파라티온, 말라티온, 다이아지논

11 식품영업에 종사하지 못하는 질병
- 소화기계 감염병 : 콜레라, 장티푸스, 파라티푸스, 세균성이질, 장출혈성대장균감염증, A형간염
- 결핵 : 비전염성인 경우는 제외
- 피부병 기타 화농성 질환
- 후천성면역결핍증(AIDS)

12 곰팡이 독소
- 아플라톡신 : 간장독
- 파툴린, 말토리진 : 신경독
- 시트리닌 : 신장독

13 유해착색료 : 아우라민(단무지), 로다민 B(붉은 생강, 어묵)

14 식품위생법규상 수입식품의 검사결과 부적합한 수입식품 등에 대하여 수입신고인이 취해야 하는 조치
- 수출국으로의 반송 또는 다른 나라로의 반출
- 농림축산식품부장관의 승인을 받은 후 사료로의 용도 전환
- 폐기

15 방사선조사식품 : 열을 가하지 않고 방사선을 이용하여 식품 속의 세균, 기생충 등을 살균한 식품

16 조리사의 결격 사유
- 정신질환자
- 감염병환자(B형간염 제외)
- 마약이나 그밖의 약물중독자
- 조리사 면허의 취소처분을 받고 그 취소된 날부터 1년이 지나지 아니한 자

17 청결작업구역 : 조리구역, 배선구역, 식기보관구역

18 • 리케차에 의해 발생하는 감염병 : 발진티푸스, 발진열, 쯔쯔가무시(양충병)
• 세균에 의해 발생하는 감염병 : 세균성이질, 파라티푸스, 디프테리아

19 개달물(의복, 침구, 서적, 완구 등) 감염으로 전파 : 결핵, 트라코마, 천연두 등

20 급속사여과법은 응집제를 사용하여 불순물을 제거시키는 방법으로, 역류세척을 하며 대도시에서도 많이 사용한다.

21 이산화탄소(CO_2) : 무색·무취한 비독성의 가스로, 실내공기의 오염지표로 이용

22 분진(먼지) – 진폐증

음식 안전관리

23 몸에 불이 붙었을 경우 제자리에서 바닥에 구른다.

음식 재료관리

24 위의 소화작용에 의해 반 액체 상태로 된 유미즙(위액과 섞여 걸쭉해진 점액)의 소화가 본격적으로 진행되는 곳은 소장이다.

25 마이야르 반응(아미노카르보닐, 멜라노이드 반응)
- 비효소적 갈변
- 아미노기와 카르보닐기가 공존할 때 일어나는 반응으로 멜라노이딘 생성
- 외부 에너지 공급 없이 자연발생적으로 일어나는 반응
- 온도, pH, 당의 종류, 수분, 농도 등이 영향을 줌

26 미오글로빈 : 동물의 근육색소(Fe 함유), 신선한 생육은 적자색이며 공기 중 산소와 결합하여 선명한 적색의 옥시미오글로빈이 되고, 가열하면 갈색 또는 회색의 메트미오글로빈이 됨

27 카로티노이드 : β–카로틴(당근, 녹황색 채소), 라이코펜(토마토, 수박), 푸코크산틴(다시마, 미역), 제아잔틴(난황)

28 • 캡사이신 : 고추의 매운맛 성분
• 무스카린 : 독버섯
• 뉴린 : 독버섯, 난황 및 썩은 고기
• 몰핀 : 아편의 주성분인 알칼로이드

29 • 비타민 B_2 결핍증 : 구순구각염
• 비타민 B_{12} 결핍증 : 악성빈혈

30 완전단백질
- 생명유지 및 성장에 필요한 필수아미노산이 충분히 들어 있는 단백질
- 달걀(오보알부민, 오보비텔린), 콩(글리시닌), 우유(카제인, 락트알부민), 육류(미오신)

31 필수지방산의 종류 : 리놀레산, 리놀렌산, 아라키돈산

32 장조림(고기), 생선구이, 명란알찜(달걀), 콩류에 해당하는 식품군은 단백질군이다.

33 열량영양소
- 체온유지 등 사람이 활동하는데 필요한 열량
- 종류 : 탄수화물, 지방, 단백질

음식 구매관리

34 수의계약
- 공급업자들을 경쟁시키지 않고 계약을 이행할 수 있는 특정업체와 계약을 체결하는 방법
- 비공식적 구매방법
- 채소류, 두부, 생선 등 저장성이 낮고 가격변동이 많은 식품 구매 시 적합
- 절차 간편, 경비와 인원 감소 가능

35 • 제조원가 = 직접원가(직접재료비 + 직접노무비 + 직접경비) + 제조간접비(간접재료비 + 간접노무비 + 간접경비) = 289,000원
• 총원가 = 제조원가 + 판매관리비 = 289,000원 + (289,000원×20%) = 346,800원
• 판매가격 = 총원가 + 이익 = 346,800원 + (346,800×20%) = 416,160원

36 총원가는 제조원가에 판매관리비(일반관리비 + 판매비)를 더한 것이다.

한식 기초 조리실무

37 어취의 성분인 트리메틸아민은 담수어보다 해수어에서 더 많이 생성된다.

38 찹쌀은 아밀로펙틴만(100%)으로 이루어져 있다.

39 온도가 0~5℃일 때 노화촉진(냉장은 노화촉진, 냉동은 노화촉진×)

40
- 소금은 글루텐 구조를 조밀하게 하여 반죽의 점탄성이 높아진다.
- 설탕은 반죽 안의 수분과 결합되어 글루텐 형성을 방해함으로써 점탄성을 약화시킨다.
- 달걀은 글루텐 형성에 도움이 되지만 너무 많이 사용하면 반죽이 질겨진다.

41 6% 소금물에 담갔을 때 가라앉는 것은 신선한 달걀이다.

42 화채류 : 꽃 식용(브로콜리, 아티초크, 콜리플라워 등)

43 맛을 느끼는 최적 온도
- 밥, 우유, 청국장 발효 : 40~45℃
- 커피, 홍차, 국, 수프 : 65~75℃
- 찌개, 전골 : 95~98℃

44 습열 조리 : 끓이기, 삶기, 찌기, 조림, 데치기

45 가루 상태의 식품은 체로 쳐서 스푼으로 계량컵에 가만히 수북하게 담아 주걱으로 깎아서 측정한다.

46 편썰기(얄팍썰기)
- 마늘이나 생강 등의 재료를 다지지 않고 향을 내면서 깔끔하게 사용
- 생밤이나 삶은 고기를 모양 그대로 얇게 썰 때 사용

47 주방의 바닥은 산, 알칼리, 열에 강해야 하고, 고무타일, 합성수지타일 등이 잘 미끄러지지 않으므로 적당하며, 청소와 배수가 용이하도록 물매는 1/100 이상으로 해야 한다.

48 발연점이 낮아지는 경우
- 여러 번 사용하여 유리지방산의 함량이 높을수록
- 기름에 이물질이 많이 들어 있을수록
- 튀김하는 그릇의 표면적이 넓을수록
- 사용회수가 많은 경우(1회 사용할 때마다 발연점이 10~15℃씩 저하)

49 단백질 분해효소에 의한 고기 연화법 : 파파야(파파인, papain), 무화과(피신, ficin), 파인애플(브로멜린, bromelin), 배(프로테아제, protease), 키위(액티니딘, actinidin)

50 냉동식품은 냉장온도(5~10℃)의 흐르는 물에서 해동한다.

51 육류조리
- 목심, 양지, 사태는 습열조리에 적당하다.
- 안심, 등심, 염통, 콩팥은 건열조리에 적당하다.
- 편육은 고기를 끓는 물에 삶기 시작한다.

52 온도 50~60℃에서 아밀라아제의 작용이 가장 활발하여 식혜를 만들 때 엿기름을 당화시키는데 가장 적합하다.

53 유화(에멀젼화)
- 수중유적형(O/W) : 물 중에 기름이 분산되어 있는 것(우유, 생크림, 마요네즈, 아이스크림 등)
- 유중수적형(W/O) : 기름 중에 물이 분산되어 있는 것(버터, 마가린 등)

54 시금치는 끓는 물에 소금을 넣어 빠르게 데치고 찬물에 헹구어야 비타민 C의 손실을 적게 할 수 있다.

55 튀기기는 160~200℃ 높은 온도의 기름 속에서 재료를 가열하는 방법으로, 고온에서 재료를 재빠르게 조리하므로 영양소의 손실이 가장 적다.

한식조리

56
- 절식 : 다달이 먹는 명절 음식
- 일상식 : 매일 먹는 식사
- 의례음식 : 통과의례에 먹는 음식
- 시식 : 계절 음식

57 육수를 끓일 때 거품과 불순물을 제거해야 육수가 혼탁해지는 것을 방지할 수 있다.

58 담는 양
- 탕·찌개, 전골, 볶음 : 식기의 70~80% 정도
- 장아찌, 젓갈 : 식기의 50% 정도

59 불림의 목적 : 단단한 식품의 연화

60 너비아니 구이 : 흔히 불고기라고 하며 궁중음식으로 소고기를 저며서 양념장에 재어 두었다가 구운 음식

한식조리기능사 필기 모의고사 ❹ 정답 및 해설

정답

번호	정답	번호	정답	번호	정답	번호	정답	번호	정답	번호	정답	번호	정답	번호	정답	번호	정답	번호	정답
1	②	2	③	3	①	4	①	5	③	6	④	7	④	8	④	9	③	10	②
11	②	12	②	13	③	14	③	15	④	16	④	17	①	18	②	19	③	20	①
21	①	22	②	23	①	24	②	25	②	26	④	27	①	28	④	29	①	30	①
31	③	32	①	33	④	34	④	35	④	36	①	37	③	38	②	39	②	40	③
41	①	42	①	43	①	44	④	45	③	46	②	47	④	48	④	49	②	50	①
51	④	52	③	53	①	54	③	55	③	56	③	57	①	58	③	59	②	60	②

해설

음식 위생관리

1 부패 : 단백질 식품이 혐기성 미생물에 의해 변질되는 현상

2 미생물의 크기 : 곰팡이 〉 효모 〉 스피로헤타 〉 세균 〉 리케차 〉 바이러스

3 곡류에 가장 잘 발생하는 미생물은 곰팡이로 곰팡이는 수분량 13% 이하에서 발육이 억제되어 변패를 억제할 수 있다.

4 채소를 통해 감염되는 기생충(중간숙주×) : 회충, 요충, 편충, 구충(십이지장충), 동양모양선충

5 무가열 처리법 : 자외선멸균법, 일광조사, 방사선조사(코발트 60:^{60}CO)

6 보존료(방부제) : 데히드로초산, 안식향산, 소르빈산, 프로피온산

7 크롬 : 금속, 화학공장 폐기물, 비중격천공, 비점막궤양

8 세균성 식중독의 대표적인 증상은 구토, 복통, 설사를 동반한 급성위장염이다.

9 황색포도상구균은 가열하면 사멸하지만 원인 독소인 엔테로톡신은 내열성이 매우 강해 가열조리법으로도 파괴되지 않아 포도상구균에 의한 식중독 예방이 어렵다.

10 복어의 독소 함량 : 난소 〉 간 〉 내장 〉 피부

11 알레르기성 식중독은 히스타민이 프로테우스 모르가니의 증식으로 인해 분해되어 생성된 히스타민과 아민류를 섭취하면 발생한다.

12 장염비브리오 식중독
- 원인식품 : 어패류 생식
- 예방 : 가열 섭취, 여름철 생식 금지

13 안전성 심사대상인 농·축·수산물에서 안정성 심사를 받지 않거나 안전성 심사에서 식용으로 부적합하다고 인정된 것은 위해식품으로 판매가 금지된다.

14 단란주점영업 : 주로 주류를 조리·판매하는 영업으로서 손님이 노래를 부르는 행위가 허용되는 영업

15 조리사의 면허취소 : 결격사유에 해당하는 경우(정신질환자, 감염병환자, 마약이나 그 밖의 약물중독자, 조리사 면허의 취소처분을 받고 그 취소된 날부터 1년이 지나지 아니한 자)

16 인공능동면역 : 예방접종(백신)으로 획득한 면역

17 소화기계 감염병(경구감염) : 콜레라, 장티푸스, 파라티푸스, 세균성 이질, 아메바성 이질, 소아마비(폴리오), 유행성 간염, 기생충병 등

18 감수성지수(접촉감염지수) : 두창, 홍역(95%) 〉 백일해(60~80%) 〉 성홍열(40%) 〉 디프테리아(10%) 〉 폴리오(0.1%)

19 역학의 목적
- 질병의 예방을 위하여 질병 발생을 결정하는

요인 규명
- 질병의 측정과 유행 발생의 감시
- 보건의료의 기획과 평가를 위한 자료 제공

20 HACCP 수행의 7원칙
1. 위해요소의 분석
2. 중요관리점 결정
3. 중요관리점 한계기준 설정
4. 중요관리점 모니터링체계 확립
5. 개선조치방법 수립
6. 검증절차 및 방법 수립
7. 문서화 및 기록유지

21 섞어 사용하면 효과가 떨어지므로 보통비누로 먼저 때를 씻은 후 역성비누를 사용하는 것이 바람직하다.

22 자외선
- 구루병 예방(비타민 D 형성), 피부결핵 및 관절염 치료 효과
- 살균작용 : 결핵균·디프테리아균·기생충 사멸, 물·공기·식기 살균
- 피부색소 침착, 심하면 결막염, 설안염, 백내장, 피부암 등 유발

23 상수도 정수 과정 : 침전 → 여과 → 소독

24 고양이 : 톡소플라즈마증, 살모넬라증

25 산업재해지표는 산업재해의 요인을 분석하고 그 방지대책을 세우기 위한 지표로서 건수율, 도수율, 강도율 등이 있다.

음식 안전관리

26 난로는 난로 안에서 불을 붙이고 조리실 바닥에 음식물 찌꺼기는 발견 즉시 바로 처리하며 떨어지는 칼은 잡지 않고 피해 안전사고를 예방한다.

음식 재료관리

27 수분의 기능 : 체내 영양소와 노폐물 운반, 신체의 구성영양소, 체온조절, 윤활제 역할, 전해질의 평행유지, 용매작용

28 탄수화물(당질)은 식이섬유소를 공급하여 혈압 상승 및 변비를 예방하고, 지방의 완전 연소 등 지방대사에 관여, 부족 시 산 중독증 유발한다.

29 키틴 : 단독으로 존재하지 않고 단백질과 복합체를 이루어 분포하는 다당류로, 새우·게 등 갑각류의 껍질에 많이 함유되어 있다.

30 당질의 감미도 : 과당 〉 전화당 〉 자당 〉 포도당 〉 맥아당 〉 갈락토오스 〉 유당

31 중성지방 : 지방산과 글리세롤의 에스테르 결합

32
- 성인이 필요한 필수아미노산(8가지) : 트립토판, 발린, 트레오닌, 이소루신, 루신, 리신, 페닐알라닌, 메티오닌
- 성장기 어린이에게 필요한 필수아미노산 : 알기닌, 히스티딘

33 비타민 D : 칼슘의 흡수에 도움을 주며, 뼈의 성장에 관여한다. 또한 자외선에 의해 체내에서 합성된다. 결핍되면 구루병, 골다공증, 골연화증이 나타나고, 급원식품으로는 어간유, 간, 난황, 버섯, 말린 생선 등이 있다.

34 타우린 : 오징어, 문어, 조개류

35 고기 색소의 변화
- 공기 중 산소결합 : 미오글로빈(암적색) → 옥시미오글로빈(적색)
- 가열, 장기간 저장 : 옥시미오글로빈(적색) → 메트미오글로빈(갈색)

36 껍질을 깎아서 잘라놓은 감자는 갈변되므로 이를 방지하기 위해서 물에 담가서 보관한다.

37 담즙(쓸개즙) : 간에서 생성, 지방의 유화작용, 인체 내의 해독작용, 산의 중화작용

음식 구매관리

38
- 감가상각비 : 시간이 지남에 따라 손상되어 감소하는 고정자산(토지, 건물 등)의 가치를 내용연수에 따라 일정한 비율로 할당하여 감소시켜 나가는 것을 의미하는데 이때 감소된 비용
- 이익 : 총수익에서 총비용을 공제해도 남은 금액
- 손익 : 손해와 이익을 아울러 이르는 말

39 미역국 1인분 재료비 = (20g×150원/100g당) + (60g×850원/100g당) + 70 = 610원
∴미역국 10인분 재료비 = 610원×10 = 6,100원

40 양배추는 무겁고 잎이 얇으며 신선하고 광택이 있는 것이 좋다.

41 시장조사의 원칙
- 비용 경제성의 원칙
- 조사 적시성의 원칙
- 조사 탄력성의 원칙
- 조사 계획성의 원칙
- 조사 정확성의 원칙

한식 기초 조리실무

42 냉동시켰던 소고기를 고온에서 급속 해동하면 단백질 변성으로 드립이 발생한다.

43 알긴산 : 해조류에서 추출한 성분으로 식품에 점성을 주고 안정제, 유화제로서 널리 사용되는 것

44 젤라틴에 생파인애플을 넣으면 부드러워진다.

45 겨자의 매운맛 성분은 시니그린이고, 40~45℃에서 가장 강한 매운맛을 느낀다.

46 달걀의 녹변현상이 잘 일어나는 조건
- 가열온도가 높을수록
- 삶는 시간이 길수록
- 오래된 달걀일수록(pH가 알칼리성일 때)
- 찬물에 바로 헹구지 않을 때

47
- 선도가 약간 저하된 생선은 조미를 비교적 강하게 하여 뚜껑을 열고 짧은 시간 내에 끓인다.
- 지방함량이 낮은 생선보다는 높은 생선으로 구이를 하는 것이 풍미가 더 좋다.
- 생선조림은 오래 가열하면 부스러진다.

48
- 파파인 : 파파야에 있는 단백질 분해 효소
- 브로멜린 : 파인애플에 있는 단백질 분해 효소
- 펩신 : 위에서 분비되는 단백질 분해 효소

49 마가린은 버터의 대용품으로 불포화지방산에 수소를 첨가하고 촉매제를 사용하여 포화지방산으로 만든 것이다.

50 젤리화의 3효소 : 펙틴(1~1.5%), 당분(60~65%), 유기산(pH 2.8~3.4%)

51 두부응고제 : 염화칼슘($CaCl_2$), 황산칼슘($CaSO_4$), 황산마그네슘($MgSO_4$), 염화마그네슘($MgCl_2$)

52 ① 호화란 전분에 물을 넣고 가열시켜 전분입자가 붕괴되고 미셀구조가 파괴되는 것이다.
② 전분을 묽은 산이나 효소로 가수분해시키거나(호화) 수분이 없는 상태에서 160~170℃로 가열하는 것(호정화)이다.
④ 아밀로오스의 함량이 많은 전분이 아밀로펙틴이 많은 전분보다 노화되기 쉽다.

53 당면은 감자, 고구마, 녹두 가루에 첨가물을 혼합, 성형하여 α화한 후 건조, 냉각하여 β화 시킨 것으로 반드시 열을 가해 α화하여 먹는다.

54 녹색채소를 데칠 때 처음 2~3분간은 뚜껑을 열어 휘발성 산을 증발시키고, 고온 단시간 가열하여 클로로필과 산이 접촉하는 시간을 줄이면 녹갈색으로 변색되는 것을 방지할 수 있다.

55 생선은 아가미의 빛깔이 선홍색이고 단단하며 꽉 닫혀있는 것이 신선하다.

한식조리

56 정월대보름에는 오곡밥, 묵은 나물, 귀밝이술, 부럼을 먹는다.

57 달걀은 흰자와 노른자를 구분하여 부치고 채를 썰거나 골패형, 마름모형으로 잘라 사용한다.

58
- 탕기 : 국을 담는 그릇
- 조치보 : 찌개를 담는 그릇
- 쟁첩 : 찬을 담는 그릇

59 곰국 : 뼈나 살코기, 내장을 푹 고아 만든 국

60 전을 만들 때 달걀흰자와 전분을 사용해야 하는 경우 : 전을 도톰하게 만들 때, 딱딱하지 않고 부드럽게 하고자 할 경우, 흰색을 유지하고자 할 때 사용

한식조리기능사 필기 모의고사 ⑤ 정답 및 해설

정답

1	③	2	②	3	③	4	②	5	③	6	②	7	③	8	①	9	①	10	③
11	①	12	③	13	②	14	③	15	①	16	②	17	①	18	④	19	④	20	④
21	①	22	④	23	④	24	②	25	④	26	①	27	②	28	②	29	③	30	②
31	③	32	③	33	③	34	③	35	③	36	②	37	②	38	①	39	①	40	④
41	②	42	②	43	④	44	④	45	③	46	③	47	③	48	①	49	②	50	③
51	③	52	①	53	④	54	②	55	③	56	④	57	②	58	③	59	③	60	①

해설

음식 위생관리

1 분변오염의 지표는 대장균이다.

2 페디스토마 : 다슬기(제1중간숙주) → 가재, 게(제2중간숙주)

3 방부 : 미생물의 생육을 억제 또는 정지시켜 부패를 방지

4 승홍수(0.1%)
- 손, 피부 소독에 주로 사용
- 금속부식성이 있어 비금속기구 소독에 사용
- 단백질과 결합 시 침전이 생김

5 식품첨가물의 사용목적
- 품질유지, 품질개량에 사용
- 영양 강화
- 보존성 향상
- 관능만족

6 유해감미료 : 둘신, 사이클라메이트, 에틸렌글리콜, 페릴라르틴 등

7 감염 후 면역성이 획득되지 않아 여러 번 세균성 식중독이 발생할 수 있다.

8 황색포도상구균 식중독
- 원인독소 : 엔테로톡신(장독소, 열에 강함)
- 잠복기 : 평균 3시간(잠복기가 가장 짧음)
- 예방 : 손이나 몸에 화농이 있는 사람 식품취급 금지

9
- 아미그달린 : 청매, 살구씨, 복숭아씨
- 시큐톡신 : 독미나리
- 마이코톡신 : 곰팡이 독소

10 식품 자체에 함유되어 있는 동식물성 유해물질은 자연독에 의한 식중독이다.

11 식품의 공전은 식품의약품안전처장이 작성하는 것으로 식품이나 식품첨가물의 기준과 규격을 수록한 것이다.

12 식품위생감시원의 직무
- 수입, 판매 또는 사용 등이 금지된 식품, 첨가물, 기구 및 용기, 포장의 취급 여부에 관한 단속
- 영업자 및 종업원의 건강진단 및 위생교육의 이행 여부의 확인 및 지도
- 식품, 첨가물, 기구 및 용기, 포장의 압류, 폐기 등

13 조리사 또는 영양사가 타인에게 면허를 대여하여 이를 사용하게 한 때
- 1차 위반 : 업무정지 2월
- 2차 위반 : 업무정지 3월
- 3차 위반 : 면허취소

14 수인성 감염병의 특징
- 환자 발생이 폭발적
- 오염원 제거로 일시에 종식될 수 있음
- 음료수 사용 지역과 유행 지역이 일치
- 성별, 나이, 생활수준, 직업에 관계없이 발생

15 소화기계감염병 : 장티푸스, 파라티푸스, 세균성 이질, 콜레라 등

16 인공능동면역은 예방접종을 한 후 얻은 면역을 말하며, 우리나라에서 아기가 태어나서 가장 먼저 실시하는 것은 BCG(결핵)이다.

17 DPT : 디프테리아, 백일해, 파상풍

18
- 유행성 출혈열 : 쥐
- 말라리아 : 중국얼룩날개 모기

19 개인 위생복장의 기능
- 위생복 : 조리종사원의 신체를 열과 가스, 전기, 위험한 주방기기, 설비 등으로 부터 보호, 음식을 만들 때 위생적으로 작업하는 것을 목적으로 함
- 안전화 : 미끄러운 주방바닥으로 인한 낙상, 찰과상, 주방기구로 인한 부상 등 잠재되어 있는 위험으로의 보호
- 앞치마 : 조리종사원의 의복과 신체를 보호
- 머플러 : 주방에서 발생하는 상해의 응급조치

20 HACCP 12절차 중 첫 단계는 HACCP팀 구성이다. 위해요소분석은 HACCP 7단계의 첫 단계이다.

21 소각법 : 가장 위생적(세균사멸), 대기오염 발생원인 우려(다이오신 발생)

22 공중보건의 대상 : 개인이 아닌 지역사회(시·군·구)가 최소단위

23 위험요인에 노출된 근무경력이 15~20년 이후에 잘 발생한다.

음식 안전관리

24 응급처치는 재해가 발생한 후 취하는 행동으로 사고발생 예방과는 상관이 없다.

음식 재료관리

25 영양소와 소화효소
- 단백질 : 트립신(trypsin)
- 탄수화물 : 아밀라아제(amylase)
- 지방 : 리파아제(lipase)

26 마이야르 반응(아미노카르보닐, 멜라노이드 반응) : 된장, 간장, 식빵, 케이크, 커피

27
- 멜라닌 : 문어나 오징어 먹물 색소
- 타우린 : 오징어, 문어, 조개류의 성분
- 미오글로빈 : 동물의 근육색소
- 히스타민 : 알레르기성 식중독 원인 독소

28 흰색 야채는 플라보노이드라는 수용성 색소를 가지고 있으며 이 색소는 일반적으로 산성에서는 백색, 알칼리성에서는 담황색을 띤다. 따라서 채소의 흰색을 그대로 유지하기 위해서는 산성의 식초를 넣어 삶는다.

29
- 제아잔틴 : 난황
- 아스타산틴 : 새우, 게, 가재 등 갑각류

30 매운맛 성분
- 후추 : 차비신
- 겨자 : 시니그린
- 겨자, 무 : 이소티오시아네이트

31 철분(Fe)의 기능
- 헤모글로빈(혈색소) 구성 성분
- 조혈작용

32 수용성 비타민 : 티아민(비타민 B_1), 리보플라빈(비타민 B_2), 아스코르브산(비타민 C) 등

33 영양섭취기준 : 평균필요량, 권장섭취량, 충분섭취량, 상한섭취량

음식 구매관리

34 잔치국수 100그릇 재료비
= (8,000×200원÷100)
+ (5,000×1,400원÷100)
+ (5,000×80÷100)
+ (7,000g×90÷100)
+ 7,000 = 103,300원
∴ 잔치국수 1그릇 재료비 = 103,300원÷100
= 1,033원

35 가식부율 : 곡류·두류·해조류·유지류 등(100) 〉 달걀(80) 〉 서류(70) 〉 채소류·과일류(50) 〉 육류(40) 〉 어패류(15)

36 검수구역은 배달 구역 입구, 물품저장소(냉장고, 냉동고, 건조창고) 등과 인접한 장소에 있어야 한다.

37 총원가 = 제조원가 + 판매관리비

한식 기초 조리실무

38 전분의 호화 : 날 전분(β 전분)에 물을 붓고 열을 가하여 70~75℃ 정도가 될 때 전분입자가 크게 팽창하여 점성이 높은 반투명의 콜로이드 상태인 익힌 전분(α 전분)으로 되는 현상

39 전분의 가열온도가 높을수록 호화시간이 빠르며, 점도는 높아진다.

40 쌀은 왕겨, 외피(겨), 배아, 배유로 구성되어 있다. 쌀에서 왕겨를 제거하면 현미가 되고, 현미에서 외피, 배아를 제거하면 백미가 된다.

41 햅쌀은 묵은 쌀보다 수분함량이 많으므로 물을 적게 부어야 한다.

42
- 강력분은 글루텐 함량이 13% 이상으로 식빵, 마카로니, 피자, 스파게티 제조에 알맞다.
- 보리의 고유한 단백질은 호르데인이다.
- 압맥, 할맥은 소화율을 향상시킨다.

43 콩의 주요 단백질은 글리시닌이다.

44 당근은 카로티노이드계 색소를 가지고 있으며 지용성 비타민인 비타민 A의 급원식품이다. 따라서 당근을 기름에 볶아 섭취하면 영양소의 흡수율이 높아진다.

45 잼은 과일(사과·포도·딸기·감귤 등)의 과육을 전부 이용하여 설탕(60~65%)을 넣고 점성을 띠게 농축한 것으로, 미생물을 이용하여 제조하는 식품과는 관련이 없다.

46 발연점이 높은 식물성 기름일수록 튀김에 적당하며, 콩기름, 포도씨유, 대두유, 옥수수유 등이 발연점이 높다.

47 육류 조리 시 열에 의한 변화
- 불고기는 열의 흡수로 부피가 감소한다.
- 스테이크는 가열하면 소화가 잘 된다.
- 소꼬리의 콜라겐이 젤라틴화 된다.

48 분리된 마요네즈는 새로운 난황에 분리된 마요네즈를 소량씩 넣고 저어주면 재생된다.

49
- 식초는 응고를 촉진한다.
- 설탕은 응고 온도를 올려주어 응고물을 연하게 한다.
- 온도가 높을수록 가열시간이 단축되어 응고물은 질겨진다.

50 급속 냉동 시 얼음 결정이 작게 형성되어 식품의 조직 파괴가 작다.

51 신김치는 김치에 존재하는 산에 의해 섬유소가 단단해져 오래 끓여도 쉽게 연해지지 않는다.

52 중조(약알칼리)에 담갔다가 가열하면 콩이 빨리 연화되지만, 비타민 B_1의 파괴는 촉진된다.

53 트리메틸아민(TMA)이 많이 생성된 것이 신선하지 않다.

54 우유 가열 시 유청 단백질은 피막을 형성하고 냄비 밑바닥에 침전물이 생기게 하는데 이 피막은 저으며 끓이거나 뚜껑을 닫고 약한 불에서 은근히 끓이면 억제 가능

55 myoglobin은 적자색이지만 공기와 오래 접촉하여 Fe로 산화되면 적갈색의 metmyoglobin이 된다.

한식조리

56 한국음식의 흰색 고명 : 달걀흰자, 흰깨, 밤, 잣, 호두

57 도라지 쓴맛 : 알칼로이드 성분(제거방법 : 물에 담가서 우려낸 후 잘 주물러 씻어서 사용)

58
- 바리 : 유기로 된 여성용 밥그릇
- 보시기 : 김치를 담는 그릇
- 대접 : 숭늉이나 면, 국수를 담는 그릇

59 생선조림을 할 때는 흰살 생선은 간장을 주로 사용, 붉은살 생선이나 비린내가 나는 생선은 고춧가루나 고추장을 넣어 조림한다.

60 너비아니 구이는 결방향으로 썰면 질기므로 결 반대로 썬다.

한식조리기능사 필기 모의고사 ❻ 정답 및 해설

정답

1	④	2	④	3	④	4	②	5	③	6	②	7	④	8	③	9	③	10	③
11	①	12	①	13	②	14	④	15	④	16	④	17	③	18	③	19	③	20	③
21	①	22	④	23	④	24	④	25	①	26	①	27	②	28	③	29	①	30	②
31	④	32	①	33	②	34	②	35	④	36	④	37	③	38	①	39	③	40	④
41	④	42	②	43	②	44	①	45	②	46	④	47	③	48	②	49	③	50	②
51	③	52	①	53	④	54	④	55	④	56	①	57	④	58	④	59	③	60	②

해설

음식 위생관리

1
- 미생물 생육에 필요한 인자 : 영양소, 수분, 온도, 산소, pH
- 산의 적고 많음은 세균의 번식이 잘 된다고 말하기 어렵다.

2 차아염소산나트륨 : 야채, 식기, 과일, 음료수에 사용

3 아질산칼륨 : 유해발색제

4
- 붕산 : 유해보존료로 체내 축적
- 승홍 : 손, 피부 소독에 주로 사용
- 포르말린 : 포름알데히드를 35~38%로 물에 녹인 액체로 변소, 하수도 등 오물소독에 사용

5 메틸알코올(메탄올) : 에탄올 발효 시 펙틴이 있을 때 생성되는 물질로 섭취시 구토, 복통, 설사가 나타나고 심하면 시신경의 염증으로 실명할 수 있다.

6 살모넬라는 감염형 식중독을 일으키며, 내열성 강한 독소를 생성하는 것은 독소형 식중독 중 포도상구균에 해당되며, 살모넬라는 60℃에서 30분간 가열하면 사멸된다.

7 HACCP 수행의 7원칙
1. 위해요소의 분석
2. 중요관리점 결정
3. 중요관리점 한계기준 설정
4. 중요관리점 모니터링체계 확립
5. 개선조치방법 수립
6. 검증절차 및 방법 수립
7. 문서화 및 기록유지

8 클로스트리디움 보툴리눔 식중독
- 원인독소 : 뉴로톡신(신경독소)
- 잠복기 : 12~36시간(잠복기가 가장 길다)
- 원인식품 : 통조림, 병조림, 햄, 소시지
- 증상 : 신경마비증상(사시, 동공확대, 운동장애, 언어장애) → 가장 높은 치사율

9 HACCP 대상 식품에 껌류는 포함되지 않는다.

10 화학적 식중독은 체내분포가 빨라서 사망률이 높다.

11 식품 : 의약으로 섭취되는 것을 제외한 모든 음식물

12 노로바이러스 식중독
- 겨울에 발생빈도 높음
- 예방대책 : 손 씻기, 식품을 충분히 가열
- 백신 및 치료법 없음

13 배추만을 중국에서 수입했으므로 배추김치(배추 중국산)로 표시한다.

14 소분·판매할 수 있는 식품은 벌꿀제품, 빵가루 등이다.

15 조리사를 두어야 하는 곳
- 식품접객업 중 복어를 조리·판매하는 영업
- 집단급식소

16 콜레라는 병원체가 세균인 소화기계 감염병으로, 위장장애, 구토, 설사, 탈수 등을 일으킨다.

17 건강보균자 : 병원체를 몸에 지니고 있으나 겉으로는 증상이 나타나지 않는 건강한 사람으로 감염병을 관리하는데 있어 가장 어려운 대상

18 인플루엔자 : 바이러스에 의한 호흡기계 감염병

19 자외선
- 구루병 예방(비타민 D 형성), 피부결핵 및 관절염 치료 효과
- 살균작용
- 적혈구 생성 촉진, 혈압강하
- 피부색소 침착, 심하면 결막염, 설안염, 백내장, 피부암 등 유발

20 공기의 자정작용 : 희석작용, 세정작용, 살균작용, 탄소동화작용

21 폴리오(소아마비)는 병원체가 바이러스인 경구감염병으로 주로 중추신경계의 손상을 일으킨다.

22 생선 및 육류의 초기부패 판정 시 지표 : 휘발성염기질소(VBN), 트리메틸아민(TMA), 히스타민(histamine), 암모니아(ammonia) 등

23 진동 - 레이노드병

음식 안전관리

24 위험도 경감 전략의 핵심요소 : 위험요인 제거, 위험발생 경감, 사고피해 경감

음식 재료관리

25 퐁당은 설탕에 물을 첨가해 가열한 후 급랭시켜 저어서 만든 결정이다.

26 건성유
- 요오드가 130 이상
- 불포화지방산의 함량이 많고, 공기 중에 방치하면 건조되는 유지
- 종류 : 아마인유, 들기름, 동유, 해바라기유, 정어리유, 호두기름 등

27 카로틴 : 비타민 A의 전구물질로 식물성 식품(당근, 호박, 고구마, 시금치)에 많이 들어 있다. 특히 α-카로틴, β-카로틴, γ-카로틴 중 β-카로틴은 비타민 A로서의 활성을 가장 많이 지니고 있다.

28 클로로필
- 산성(식초물)에 녹황색(페오피틴)
- 알칼리(소다 첨가)에 진한 녹색(클로로필린) : 비타민 C 등이 파괴되고 조직이 연화됨

29 안토시아닌 : 가지, 적색 양배추 등에 널리 존재하는 수용성 색소로, 일반적으로 산성에서는 적색, 중성에서는 자색, 알칼리성에서는 청색을 띤다.

30 아스타산틴
- 새우, 게, 가재 등에 포함된 색소
- 가열 및 부패에 의해 아스타신이 붉은색으로 변함

31 효소적 갈변
- 폴리페놀 옥시다아제 : 채소류나 과일류를 자르거나 껍질을 벗길 때의 갈변, 홍차 갈변
- 티로시나아제 : 감자 갈변

32 입에서는 기계적 소화(저작 운동)와 화학적 소화(침)가 이루어지며, 프티알린(아밀라아제)이 전분을 맥아당과 덱스트린으로 분해한다.

33 한국인의 영양섭취기준에 따른 성인의 3대 영양소 섭취량 : 탄수화물 55~70%, 지방 15~30%, 단백질 7~20%

34 일반식품의 수분활성도는 항상 1보다 작다(일반식품의 Aw 〈 1).

음식 구매관리

35 원가계산의 목적 : 원가관리의 목적, 가격결정의 목적, 재무제표의 목적, 예산편성의 목적

36 총 발주량 = [정미중량/(100 - 폐기율)] × 100 × 인원수

37 검수관리 : 식품의 품질, 무게, 원산지가 주문내용과 일치하는지를 확인하고, 유통기한, 포장상태 및 운반차의 위생상태 등을 확인하는 것

38 판매관리비 = 총원가 - 제조원가 = 1,000원 - 800원 = 200원

한식 기초 조리실무

39 노화(β화)에 영향을 주는 요소
- 전분의 종류 멥쌀 〉 찹쌀(아밀로오스의 함량이 많을 때) 노화↑
- 수분함량이 30~60%일 때 노화↑

- 온도가 0~5℃일 때(냉장은 노화촉진, 냉동은 노화촉진 ×) 노화↑
- 다량의 수소이온 노화↑

40 전분의 호정화(덱스트린화)
- 날 전분(β전분)에 물을 가하지 않고 160~170℃로 가열했을 때 가용성 전분을 거쳐 덱스트린(호정)으로 분해되는 반응
- 누룽지, 토스트, 팝콘, 미숫가루, 뻥튀기 등

41 식혜 제조에 사용되는 엿기름의 농도가 높을수록 당화 속도가 빨라진다.

42 밥물을 쌀 중량의 1.5배 부피의 1.2배 정도 되도록 붓는다.

43 대두의 아미노산 조성은 메티오닌, 시스테인이 적고 리신, 트립토판이 많다.

44 우엉을 삶을 때 청색을 띠는 것은 안토시아닌계 색소 때문이다.

45 잼 : 과일(사과, 포도, 딸기, 감귤 등)의 과육을 전부 이용하여 설탕(60~65%)을 넣고 점성이 띠게 농축(배, 감 등은 펙틴과 유기산의 함량이 부족하여 잼에 이용 안함)

46 저장 온도가 0℃ 이하가 되도 산패가 방지되지는 않는다. 산패는 자외선 및 금속에 영향을 받는다.

47 후추
- 매운맛(차비신)
- 검은후추가 흰후추에 비해 매운맛이 강함
- 고기 누린내나 생선 비린내를 없애는 데 사용
- 식욕 증진

48 전분의 호화와 점성
- 곡류는 서류보다 호화온도가 높다.
- 소금은 전분의 호화와 점도를 억제한다.
- 산 첨가는 가수분해를 일으켜 호화를 억제시킨다.

49 달걀의 응고성을 이용한 식품 : 달걀찜, 커스터드, 푸딩, 수란, 오믈렛 등

50 달걀을 삶은 직후 찬물에 넣어 식히면 황화수소가 난각을 통하여 외부로 나가서 녹변이 잘 일어나지 않는다.

51 편육 조리 시 끓는 물에 고기를 덩어리째 넣고 삶아야 맛 성분이 적게 용출되어 편육의 맛이 좋아진다.

52 사후강직 : 글리코겐으로부터 형성된 젖산이 축적되어 산성으로 변하면서 액틴(근단백질)과 미오신(근섬유)이 결합되면서 액토미오신이 생성되어 근육이 경직되는 현상

53 보통 사후 1~4시간 동안 최고로 단단하게 된다.

54 마요네즈를 만들 때는 난황의 레시틴 성분이 유화제 역할을 해 기름의 분리를 막아준다.

55 불미 성분이 제거되지 않는다.

한식조리

56 끓이기의 장점
- 영양소 손실이 적음
- 전분의 호화
- 단백질의 응고
- 콜라겐의 젤라틴화

57 초 조리 맛을 좌우하는 조리 원칙
- 재료의 크기와 써는 모양에 따라 맛이 좌우되므로 일정하게 썰기
- 대부분의 음식은 센불에서 조리하다가 양념이 배기 시작하면 불을 줄여 속까지 익히며 국물을 끼얹으면서 조림(남은 국물의 양 10% 이내)
- 생선요리는 조림장 또는 국물이 끓을 때 넣어야 부서지지 않음
- 조미료 넣는 순서 : 설탕 → 소금 → 간장 → 식초

58 소고기를 간장에 조림하는 이유 : 염절임 효과, 수분활성도 저하 및 당도상승으로 냉장보관 시 10일 정도의 안전성을 가짐

59 국물과 건더기의 비율 : 국은 6:4 또는 7:4이고 찌개는 4:6이다.

60 족편 : 쇠머리나 쇠족 등을 장시간 고아서 응고시켜 썬 음식

한식조리기능사 필기 모의고사 7 정답 및 해설

정답

1	③	2	③	3	①	4	③	5	②	6	④	7	④	8	②	9	②	10	④
11	①	12	②	13	①	14	①	15	④	16	④	17	④	18	①	19	①	20	①
21	④	22	②	23	②	24	④	25	①	26	③	27	①	28	②	29	④	30	④
31	②	32	①	33	②	34	②	35	③	36	③	37	④	38	②	39	①	40	①
41	①	42	①	43	②	44	②	45	①	46	①	47	②	48	③	49	④	50	③
51	④	52	①	53	③	54	②	55	④	56	④	57	③	58	①	59	②	60	④

해설

음식 위생관리

1 대장균 최적 증식 온도 : 30~40℃

2 멸균 : 비병원균, 병원균 등 모든 미생물과 아포까지 완전히 사멸

3 감염형 식중독은 60℃에서 30분간 가열하면 식품 안전에 위해가 되지 않는다. 이에 해당하는 것은 살모넬라균이며, 클로스트리디움 보툴리눔균, 황색포도상구균은 독소형 식중독으로 열에 비교적 강하다.

4 N-니트로사민 : 육가공품의 발색제 사용으로 인한 아질산염과 제2급 아민이 반응하여 생성되는 발암물질

5 모르가니는 알레르기성 식중독을 유발하는 세균이다.

6 곰팡이는 일반적으로 생육 속도가 세균에 비하여 느리다.

7
- 독버섯 : 무스카린, 아마니타톡신
- 감자 : 솔라닌
- 살구씨 : 아미그달린

8 보존료의 목적
- 식품의 변질 및 부패를 방지
- 식품의 영양가 및 신선도를 유지
- 식품의 보존성 향상

9 다환방향족탄화수소 : 식품에 존재하는 유기물질을 고온으로 가열할 때 단백질이나 지방이 분해되어 생기는 유해물질

10 즉석판매제조·가공업에서 덜어서 판매 제외식품 : 통·병조림 제품, 레토르트식품, 냉동식품, 어육제품, 특수용도식품(체중조절용 조제식품은 제외한다), 식초, 전분, 알가공품, 유가공품

11
- 생화학적 산소요구량(BOD) : 수치가 높다는 것은 하수오염도가 높다는 뜻
- 용존산소량(DO) : 수치가 낮다는 것은 하수오염도가 높다는 뜻
- 화학적 산소요구량(COD) : 수치가 높다는 것은 하수오염도가 높다는 뜻

12 자외선 : 살균력이 가장 강해 소독에 이용

13 호흡기계 감염병(비말감염, 진애감염) : 디프테리아, 백일해, 홍역, 천연두, 유행성 이하선염, 풍진 등

14 채소를 통해 감염되는 기생충(중간숙주×) : 회충, 요충, 편충, 구충(십이지장충), 동양모양선충

15 감각온도(체감온도)의 3요소 : 기온, 기습, 기류

16 인수공통감염병
- 탄저병 : 세균, 소, 말, 양
- 조류인플루엔자 : 바이러스, 닭, 칠면조, 야생조류
- 광견병 : 바이러스, 개

17 병원체가 원충(아메바)인 질병 : 말라리아, 아메바성 이질, 톡소플라즈마, 트리파노소마(아

프리카 수면병) 등

18 수분 활성치(Aw) 순서 : 세균(0.90~0.95) 〉 효모(0.88) 〉 곰팡이(0.65~0.80)

19 폴리오는 물이나 음식물의 섭취를 통해 감염되는 소화기계 감염병(경구감염병)이다.

20
- 자연 능동 면역 : 질병감염 후 획득한 면역
- 인공 능동 면역 : 예방접종(백신)으로 획득한 면역
- 자연 수동 면역 : 모체로부터 얻는 면역(태반, 수유)
- 인공 수동 면역 : 혈청 접종으로 얻는 면역

음식 안전관리

21 문제의 내용은 특별점검에 대한 것이다.

음식 재료관리

22 1일 섭취 허용량
- 사람이 어떤 물질을 일생동안 매일 계속 먹어도 신체에 영향이 없다고 판단되는 하루의 섭취량
- 체중 1kg당의 mg(mg/kg · 일)로 나타냄

23 글루탐산 : 간장, 다시마 등의 감칠맛을 내는 주된 아미노산

24 맛의 대비현상(강화현상) : 서로 다른 2가지 맛이 작용해 주된 맛성분이 강해지는 현상

25 맥아당(엿당) = 포도당 + 포도당

26 열량영양소는 탄수화물, 단백질, 지방이다. 풋고추에는 비타민과 무기질이 많이 들어있다.

27 탄닌 : 차, 커피, 코코아, 익지 않은 과일(감) 등에서 수렴성 맛(떫은맛)을 주는 성분

28
- 영양을 우선적으로 고려한다.
- 시금치의 대체식품으로는 근대, 아욱 등 시금치와 같은 영양소를 가진 식품을 선택한다.
- 제철식품은 제철에 맞게 구입한다.

29 곤약은 무미이다.

30
- 수중유적형(O/W) : 우유, 마요네즈, 아이스크림, 크림수프 등
- 유중수적형(W/O) : 마가린, 버터 등

31 경화(수소화) : 불포화지방산에 수소를 첨가하고 촉매제를 사용하여 포화지방산으로 만드는 것(마가린, 쇼트닝 등)

음식 구매관리

32 총원가 = (직접재료비 + 직접노무비 + 직접경비) + (간접재료비 + 간접노무비 + 간접경비) + 판매관리비
= (150,000원 + 100,000원 + 5,000원) + (50,000원 + 20,000원 + 100,000원) + 10,000원
= 435,000원

33 총원가 = 제조원가 + 판매관리비

34 경쟁입찰계약
- 공급업자에게 견적서를 제출받고 품질이나 가격을 검토한 후 낙찰자를 정하여 계약을 체결하는 방법
- 공식적 구매방법
- 쌀, 건어물 등 저장성이 높은 식품 구매 시 적합
- 공평하고 경제적

35 정확한 재고수량을 파악함으로써 불필요한 주문을 방지하여 구매비용 절약

한식 기초 조리실무

36 건염법
- 식염을 저장물에 뿌리고 이것을 겹쳐 쌓거나 또는 용기 내에서 저장물과 식염을 섞어 식염을 침투시키는 방법
- 탈수 작용이 강하고, 장기 보존 가능
- 식염이 생선 속에 일정하게 침투하지 않음
- 공기에 닿는 부분이 많으므로 변색하기 쉬운 결점

37 콩 단백질인 글로불린에 가장 많이 함유하고 있는 성분 : 글리시닌

38 전분(탄수화물)의 호화 : 날 전분(β 전분)에 물을 붓고 열을 가하여 70~75℃ 정도가 될 때 전분입자가 크게 팽창하여 점성이 높은 반투명의 콜로이드 상태인 익힌 전분(α 전분)으로 되는 현상

39 난백의 기포성을 이용할 때 산(식초)을 넣으면 난백의 오브알부민 등전점 근처로 pH가 떨어져 기포성이 좋아진다.

40 붉은 양배추는 안토시아닌계 색소를 가지고 있

으며 산(식초)에 의해 적색을 띤다.

41 녹색 채소는 다량의 물에 소금을 넣고 데쳐야 색이 유지된다. 녹색 채소에는 클로로필이라는 색소가 있는데 산성(식초물)에 페오피틴으로 변해 녹황색을 나타낸다.

42 밀가루를 계량할 때는 체로 쳐서 스푼으로 계량컵에 가만히 수북하게 담아 주걱으로 깎아서 측정하는데, 이 때 누르거나 흔들지 않는다. 일반적으로 부피보다 무게를 재는 것이 더 정확하다.

43 단백질 분해효소에 의한 고기 연화법 : 파파야(파파인, papain), 무화과(피신, ficin), 파인애플(브로멜린, bromelin), 배(프로테아제, protease), 키위(액티니딘, actinidin)

44 비가열 조리법은 식품이 지닌 영양소의 손실이 적고 조리가 간단하며, 시간이 절약된다. 종류에는 생채, 무침, 냉채, 샐러드, 회 등이 있다.

45
- 비타민 D는 자외선을 쬐면 합성되어 반드시 음식으로 섭취하지 않아도 된다.
- 색소의 고정효과로는 Ca^{++}이 많이 사용되지 않는다.
- 과일을 깎을 때 쇠칼을 사용하는 것은 맛, 영양가, 외관과 상관없다.

46 급식시설에서 주방면적을 산출할 때 피급식자의 기호는 상관없다.

47 생선의 비린내(어취) 제거 방법
- 생강, 파, 마늘, 고추냉이, 술, 겨자 등의 향신료 사용, 생강은 생선이 익은 후 첨가
- 수용성인 트리메틸아민을 물로 씻어서 제거
- 비린내 흡착 성질이 있는 우유(카제인)에 미리 담가두었다가 조리
- 생선을 조릴 때 처음 몇 분간은 뚜껑을 열고 비린내 제거

48 마시멜로우 : 스펀지 형태의 사탕류, 설탕에 젤라틴, 포도당 등을 넣어 거품을 일으켜 굳힌 식품

49 1인 1식 사용급수량
- 병원급식 : 15리터
- 학교급식 : 5리터
- 산업체급식 : 7리터

50 펙틴 물질의 불용성 강화와 중조는 관련이 없다.

51
- 사태 : 탕, 스튜, 찜 조리 등
- 목심, 설토 : 불고기, 구이 등
- 양지 : 탕, 국, 장조림 등

52 펜토산으로 구성된 석세포가 들어 있으며, 즙을 갈아 넣으면 고기가 연해지는 식품은 배이다.

53 육류 조리 시 열에 의한 변화
- 불고기는 열의 흡수로 부피가 감소한다.
- 스테이크는 가열하면 소화가 잘 된다.
- 소꼬리의 콜라겐이 젤라틴화 된다.

54 우유의 카제인은 산(식초, 레몬즙), 효소(레닌), 페놀화합물(탄닌), 염류 등에 의해 응고된다.

55 김치조직의 연부현상(물러짐)이 일어나는 이유
- 조직을 구성하고 있는 펙틴질이 분해되기 때문에
- 미생물이 펙틴 분해효소를 생성하기 때문에
- 용기에 꼭 눌러 담지 않아 내부에 공기가 존재하여 호기성 미생물이 성장번식하기 때문에
- 김치 숙성의 적기가 경과되었기 때문에

한식조리

56 잡채나 구절판은 숙채에 해당한다.

57
- 큐커비타신 : 오이의 쓴맛
- 알칼로이드 : 도라지 쓴맛
- 글루탐산 : 어패류의 감칠맛
- 타우린 : 오징어 먹물 성분

58 반상차림
- 밥을 주식으로 하여 차린 상차림
- 쟁첩에 담은 반찬 수에 따라 3첩, 5첩, 7첩, 9첩, 12첩 반상으로 나뉨

59 해물탕은 멸치·다시마 육수를 사용한다.

60 국의 '국물 : 건더기'의 비율은 6:4 또는 7:3이다.

한식조리기능사 필기 모의고사 ❽ 정답 및 해설

정답

1	①	2	①	3	④	4	②	5	④	6	④	7	③	8	②	9	②	10	④
11	②	12	④	13	④	14	①	15	④	16	③	17	①	18	①	19	④	20	①
21	④	22	④	23	②	24	②	25	②	26	③	27	③	28	②	29	①	30	②
31	③	32	④	33	④	34	③	35	③	36	③	37	④	38	③	39	②	40	①
41	③	42	③	43	①	44	①	45	③	46	①	47	②	48	④	49	③	50	①
51	④	52	④	53	②	54	④	55	①	56	③	57	④	58	②	59	④	60	②

해설

음식 위생관리

1
- 베네루핀 : 바지락
- 솔라닌 : 감자
- 무스카린, 아마니타톡신 : 독버섯

2 황색포도상구균 식중독
- 원인독소 : 엔테로톡신(장독소, 열에 강함)
- 잠복기 : 평균 3시간(잠복기가 가장 짧음)
- 예방 : 손이나 몸에 화농이 있는 사람 식품취급 금지

3 기호성 향상과 관능을 만족시키는 식품첨가물 : 조미료, 감미료, 발색제, 착색료, 착향료, 산미료, 표백제

소르빈산 : 보존료로 사용되는 식품첨가물

4 경구감염병과 세균성 식중독의 차이점

구분	세균성 식중독	경구감염병(소화기계 감염병)
감염원	식중독균에 오염된 식품섭취에 의해 감염	감염병균에 오염된 식품과 음용수 섭취에 의해 경구감염
감염균의 양	많은 양의 균과 독소	적은 양의 균으로도 감염
잠복기	짧다	상대적으로 길다
2차 감염	없음(살모넬라 제외)	있음
면역성	없음	있음
독성	약함	강함
예방	가능(식품 중 균의 증식을 억제함)	예방접종 되는 경우도 있지만 대부분 불가능

5
- 미생물 생육에 필요한 인자 : 영양소, 수분, 온도, 산소, pH
- 산의 적고 많음은 세균의 번식이 잘 된다고 말하기 어렵다.

6 생선 및 육류의 초기부패 판정 시 지표 : 휘발성염기질소(VBN), 트리메틸아민(TMA), 히스타민(histamine), 암모니아(ammonia) 등

7
- 비중이 4.0 이하의 금속을 말한다.
- 생체기능유지에 필요한 것도 있다.
- 생체와의 친화성이 있다.

8
- 수은 : 미나마타병(강력한 신장독, 전신경련)
- 크롬 : 비중격천공, 비점막궤양
- 납 : 연연(잇몸에 납이 침착하여 청회백색으로 착색), 안면 창백

9 오래된 과일이나 산성 채소류 통조림에서 유래되는 화학적 식중독의 원인 물질은 주석이다.

10 소분·판매할 수 있는 식품은 벌꿀제품, 빵가루 등이다.

11 관계 공무원은 영업상 사용하는 식품 등을 검사를 위하여 필요한 최소량이라 하더라도 무상으로 수거할 수 있다.

12 식품위생과 관련된 업무들은 식품위생법에 기초를 두고 식품의약품안전처에서 지휘·감독한다.

13 조리사 면허의 취소처분을 받고 그 취소된 날부터 1년이 지난 자는 조리사 면허를 받을 수 있다.

14 소화기계 감염병(경구감염) : 콜레라, 장티푸스, 파라티푸스, 세균성 이질, 아베바성 이질, 폴리오(소아마비), 유행성 간염, 기생충병 등

15 진드기 : 쯔쯔가무시증(양충병), 신증후군 출혈열(유행성 출혈열)

16 생균백신으로 영구면역성을 획득하는 질병 : 결핵, 홍역, 폴리오, 탄저, 두창, 유행성 이하선염, 공수병 등

17 중간숙주 돼지 : 유구조충(갈고리촌충), 선모충

18 데시벨(dB) : 소리의 상대적인 강도(세기)를 나타내는 단위

19
- 세균 : 결핵
- 바이러스 : 일본뇌염, 공수병(광견병)

20 상수도 정수 과정 : 취수 → 침전 → 여과 → 소독 → 급수

21 적외선 파장 : 700nm～1mm

22 노출 정도에 따라 증상이 나타나는 시기에는 개인차가 있다.

23 폐기물 소각 처리는 세균을 사멸하는 가장 위생적인 방법이지만 소각 시 다이옥신이 발생하여 대기오염을 일으킬 수 있다.

24 고열환경에서 열경련이 발생한다.

음식 안전관리

25 칼의 방향은 몸의 반대쪽으로 놓고 사용한다.

음식 재료관리

26 비타민 C는 열에 약한 영양소이며 조리 시 사용되는 수분 양과 시간에 따라 손실량이 달라질 수 있다.

27 효소를 구성하는 주성분은 단백질이다.

28 자유수는 0℃ 이하에서 동결된다.

29 성인이 필요한 필수아미노산(8가지) : 트립토판, 발린, 트레오닌, 이소루신, 루신, 리신, 페닐알라닌, 메티오닌

30 식단을 작성할 때 계절식품표, 대치식품표, 식품영양구성표를 구비해야 한다.

음식 구매관리

31 제조원가 = 직접원가 + 제조간접비

32 총발주량 = $\frac{\text{정미량}}{100 - \text{폐기율}} \times 100 \times \text{인원수}$

33 대치식품량 = (원래식품성분 ÷ 대치식품성분) × 원래식품량
= (20.1g ÷ 8.6) × 40g
≒ 94g

34 폐기율(%) 순서 : 곡류·두류·해조류·유지류 등(0) 〈 달걀(20) 〈 서류(30) 〈 채소류·과일류(50) 〈 육류(60) 〈 어패류(85)

35 정확한 재고수량을 파악함으로써 불필요한 주문을 방지하여 구매비용 절약

36 양배추는 무겁고 잎이 얇으며 신선하고 광택이 있는 것이 좋다.

한식 기초 조리실무

37 노화(β화)를 억제하는 방법
- 수분함량을 15% 이하로 유지
- 환원제, 유화제 첨가
- 설탕 다량 첨가
- 0℃ 이하로 급속냉동(냉동법)시키거나 80℃ 이상으로 급속히 건조

38 찹쌀은 아밀로펙틴만(100%)으로 이루어져 있다.

39 가루 상태의 식품은 체로 쳐서 스푼으로 계량컵에 가만히 수북하게 담아 주걱으로 깎아서 측정한다.

40 설탕 등의 당류를 160～180℃로 가열하며 캐러멜화(caramelization) 반응으로 갈색물질이 생성된다.

41
- 응고성 : 달걀찜, 커스터드, 푸딩, 수란, 오믈렛
- 유화성 : 마요네즈, 케이크 반죽, 크림수프
- 기포성(팽창제) : 스펀지케이크, 시폰케이크, 머랭

42 온도가 낮으므로 식품을 장기간 보관해도 안전한 것은 냉동고에 대한 설명이다.

43 육류의 사후강직
- 글리코겐으로부터 형성된 젖산이 축적되어 산성으로 변하면서 액틴(근단백질)과 미오신(근섬유)이 결합되면서 액토미오신이 생성되어 근육이 경직되는 현상
- 도살 후 글리코겐이 혐기적 상태에서 젖산을 생성하여 pH가 저하

44 바닥과 1m까지의 내벽은 물청소가 용이한 내수성 자재를 사용한다.

45 글루텐 함량이 높은 밀가루는 강력분으로 식빵, 마카로니, 파스타가 이에 해당되며, 글루텐 함량이 낮은 밀가루인 박력분을 사용하면 바삭한 상태를 유지할 수 있다.

46 물에서 먼저 삶은 후 양념간장을 넣어 약한 불로 서서히 조리는 것은 장조림을 만드는 알맞은 방법이다.

47 생선 중량 대비 소금을 2~3%를 넣으면 탈수가 일어나지 않으면서 간이 알맞다.

48 육류 조리
- 육류를 오래 끓이면 질긴 지방조직인 콜라겐이 젤라틴화되어 고기가 맛있게 된다.
- 목심, 양지, 사태는 습열조리에 적당하다.
- 편육은 고기를 끓는 물에 삶기 시작한다.

49 식혜는 50~60℃의 온도가 유지되어야 효소 반응이 잘 일어나 밥알이 뜨기 시작한다.

50 중조(약알칼리)에 담갔다가 가열하면 콩이 빨리 연화되지만, 비타민 B_1의 파괴는 촉진된다.

51 단백질 분해효소에 의한 고기 연화법 : 파파야(파파인, papain), 무화과(피신, ficin), 파인애플(브로멜린, bromelin), 배(프로테아제, protease), 키위(액티니딘, actinidin)

52 전분의 호정화(덱스트린화)
- 날 전분(β전분)에 물을 가하지 않고 160~170℃로 가열했을 때 가용성 전분을 거쳐 덱스트린(호정)으로 분해되는 반응
- 누룽지, 토스트, 팝콘, 미숫가루, 뻥튀기 등

53 달걀의 저장 중 변화
- pH 증가(알칼리성)
- 난황막의 약화
- 중량 감소
- 농후난백 감소·수양난백 증가

54 유지의 산패도를 나타내는 값 : 산가, 과산화물가(낮을수록 신선)

55 ②, ③, ④는 신선한 생선의 설명이다.
히스타민의 함량이 낮을수록 신선한 생선으로 많을 경우 알레르기성 식중독을 일으킨다.

한식조리

56
- 편육은 뜨거울 때 면보에 싸서 네모나게 모양을 잡아준다.
- 미나리를 데칠 때 약간의 소금을 넣어 살짝 데친 후 찬물에 헹군다.
- 야채와 황백지단, 고기는 일정한 크기로 잘라 데쳐낸 미나리로 꼬지를 이용하여 매듭을 고정한다.

57
- 주발 : 유기나 사기, 은기로 된 밥그릇으로 주로 남성용
- 바리 : 유기로 된 여성용 밥그릇
- 대접 : 숭늉이나 면, 국수를 담는 그릇

58
- 단면적이 유백색이고 골밀도가 치밀한 것이 좋음(앞 사골 〉 뒤 사골, 건강한 수소 〉 암소, 젊은 소 〉 늙은 소)
- 골화 진행이 적은 사골 이용
- 국물에 대한 관능 평가에서 색도, 맛 및 전체 기호도가 우수

59 생채의 특징
- 자연의 색, 향, 맛을 그대로 느낄 수 있음
- 씹을 때의 아삭아삭한 촉감과 신선한 맛을 느끼게 됨
- 가열조리 한 것에 비해 영양소의 손실이 적고 비타민 풍부

60 기름이 많으면 색이 누래지기 때문에 기름을 적게 두르고 볶아야 한다.

한식조리기능사 필기 모의고사 ⑨ 정답 및 해설

정답

1	④	2	①	3	②	4	①	5	②	6	④	7	③	8	③	9	③	10	②
11	④	12	②	13	①	14	②	15	②	16	①	17	③	18	④	19	④	20	④
21	③	22	①	23	④	24	④	25	③	26	④	27	④	28	①	29	②	30	③
31	④	32	③	33	③	34	④	35	③	36	③	37	③	38	③	39	③	40	②
41	④	42	④	43	③	44	③	45	③	46	④	47	③	48	③	49	②	50	①
51	①	52	③	53	④	54	①	55	②	56	④	57	②	58	①	59	①	60	③

해설

음식 위생관리

1 장염비브리오 식중독
- 원인식품 : 어패류 생식
- 예방 : 가열 섭취, 여름철 생식 금지

2
- 솔라닌 : 감자
- 베네루핀 : 모시조개
- 무스카린 : 독버섯

3 주석 : 과일 통조림으로부터 용출되어 구토, 설사, 복통의 중독증상을 유발할 가능성이 있는 물질

4 화학적 식중독에는 유해물질(중금속)에 의한 식중독, 유해 첨가물에 의한 식중독, 농약에 의한 식중독 등이 있다. 설사성 패류 중독은 감염형 세균성 식중독인 장염비브리오 식중독이다.

5 안식향산은 보존료이다.

6 헤테로고리아민은 고기나 생선 등 단백질 식품을 높은 온도에서 또는 조리기간을 길게 가열하게 되면 발생하는 발암물질이다.

7 발색제
- 식품 중에 존재하는 색소단백질과 결합함으로써 식품의 색을 보다 선명하게 하거나 안정화시키는 첨가물질
- 종류 : 아질산나트륨, 질산나트륨, 질산칼륨, 황산 제1철, 황산 제2철 등

8 식품의 부패 또는 변질은 미생물에 의해 발생하며 관련 없는 것은 압력이다.

9 아플라톡신은 곰팡이 식중독 원인물질이다.

10 식품위생의 목적
- 식품으로 인한 위생상의 위해방지
- 식품 영양의 질적 향상
- 국민보건의 증진
- 식품에 대한 올바른 정보 제공

11 HACCP 수행의 7원칙
1. 위해요소의 분석
2. 중요관리점 결정
3. 중요관리점 한계기준 설정
4. 중요관리점 모니터링체계 확립
5. 개선조치방법 수립
6. 검증절차 및 방법 수립
7. 문서화 및 기록유지

12 일반음식점의 객실에는 잠금장치를 설치할 수 없다.

13 식품영업에 종사하지 못하는 질병
- 소화기계 감염병 : 콜레라, 장티푸스, 파라티푸스, 세균성이질, 장출혈성대장균감염증, A형간염
- 결핵 : 비전염성인 경우는 제외
- 피부병 기타 화농성 질환
- 후천성면역결핍증(AIDS)

14
- 납 : 연연(잇몸에 납이 침착하여 청회백색으로 착색), 안면창백

• 카드뮴 : 이타이이타이병(골연화증)
• 수은 : 미나마타병(강력한 신장독, 전신경련)
• 주석 : 통조림 내부 도장, 구토, 설사, 복통

15 이산화탄소(CO_2) : 실내공기 오염의 지표로 이용

16 십이지장충 : 채소

17 자외선에 의한 인체 건강 장해 : 피부색소 침착, 심하면 결막염, 설안염, 백내장, 피부암 등

18 기생충은 한 생물이 다른 생물에게 해를 끼치며 살아가는 생물체로, 감염병과는 관련이 없다.

19 생물학적 산소요구량(BOD) : 세균이 호기성 상태에서 수중의 유기물질을 20℃에서 5일간 안정화시키는 데 필요한 산소량

20 영아사망률
• 1년간 출생 수 1,000명당 생후 1년 미만의 사망자수를 의미
• 국가의 보건수준이나 생활수준을 나타내는 데 가장 많이 사용

21 호흡기계 감염병
• 환자의 대화, 기침, 재채기 등을 통해 전파(비말감염)
• 종류 : 디프테리아, 백일해, 결핵, 폐렴, 인플루엔자, 홍역, 풍진, 성홍열, 두창 등

22 산미료
• 식품의 신맛을 부여하기 위해 사용되는 첨가물로 식욕을 돋구는 역할
• 종류 : 초산, 구연산, 주석산, 푸말산, 젖산

23 가스저장법(CA저장법)
• CO_2 농도를 높이거나 O_2의 농도를 낮추거나 N_2(질소가스)를 주입하여 미생물의 발육을 억제시켜 저장하는 방법
• 종류 : 과일, 채소

24 초기 청력장애 시 직업성 난청을 조기 발견할 수 있는 주파수는 4,000Hz이다.

음식 안전관리

25 화재발생 위험 요소가 있을 수 있는 기계나 기기는 수리 및 정기적인 점검을 실시하여 관리한다.

음식 재료관리

26 카제인은 칼슘과 인이 결합한 인단백질이다.

27 완두콩 색소 클로로필은 구리나 철 등의 이온이나 이들의 염과 함께 열을 가하면 선명한 녹색을 유지한다.

28 산성 식품 : 곡류, 육류, 어류 등(P, S, Cl 등을 많이 함유한 식품)

29 마이야르 반응은 당류와 아미노산이 함께 공존할 때 일어난다.

30 카로티노이드
• 비타민 A 기능
• β-카로틴(당근, 녹황색 채소), 라이코펜(토마토, 수박), 푸코크산틴(다시마, 미역), 로테인(난황, 오렌지)

31 와인은 숙성을 통해 고유의 냄새성분을 생성한다.

32 무나 양파를 오래 익힐 때나 우엉이나 연근을 삶을 때, 식초를 첨가하면 흰색으로 변한다.

33 1g당 발생하는 열량
• 당질 : 4kcal/g
• 단백질 : 4kcal/g
• 지방 : 9kcal/g
• 알코올 : 7kcal/g

34 • 열량 영양소 : 탄수화물(4kcal), 단백질(4kcal), 지방(9kcal)
• 당질(40 × 4kcal) + 단백질(5 × 4kcal) + 지방(3 × 9kcal) = 207kcal

35 닭고기는 단백질 급원, 우유 및 유제품은 칼슘 급원식품이다.

음식 구매관리

36 닭고기의 뼈(관절) 부위가 변색된 것은 조리하는 과정에서 생길 수 있는 일반적인 현상으로 변질된 것과는 상관이 없다.

37 재료비
• 제품의 제조과정에서 실제로 소비되는 재료의 가치를 화폐액수로 표시한 금액
• 재료의 소비량에 재료의 소비단가를 곱하여 산출

38 식재료 비율(%) = 식재료비÷매출액×100
= [(20kg×12,000원/kg) + 80,000]÷1,000,000원×100
= 32%

한식 기초 조리실무

39 유지를 가열하면 요오드값이 낮아진다.

40 냉장 보관은 노화를 촉진하는 방법이다.

41 당근은 카로티노이드계 색소를 가지고 있으며 지용성 비타민인 비타민 A의 급원식품이다. 따라서 당근을 기름에 볶아 섭취하면 영양소의 흡수율이 높아진다.

42 딸기잼을 만들면 젤리화가 일어난다. 단백질과 관련이 없다.

43 조리장을 신축할 때에는 위생성, 능률성, 경제성의 3요소를 차례대로 고려하여야 한다.

44 식혜는 온도 50~60℃에서 아밀라아제의 작용이 가장 활발하여 해당 온도가 식혜를 만들 때 엿기름을 당화시키는 데 가장 적합하다.

45 신김치는 김치에 존재하는 산에 의해 섬유소가 단단해져 오래 끓여도 쉽게 연해지지 않는다.

46 우유를 끓일 경우에는 약한 불에서 저어주면서 끓이거나 중탕으로 데우는 것이 좋다.

47 생선 조리 시 식초나 레몬즙 등을 넣으면 생선의 가시는 연해지고, 어육의 단백질이 응고되어 살이 단단해지며, 어취 제거 및 살균 효과가 있다.

48 조리장의 위치
- 통풍, 채광, 배수가 잘 되고 악취, 먼지, 유독 가스가 들어오지 않는 곳
- 비상시 출입문과 통로에 방해되지 않는 장소
- 음식의 운반과 배선이 편리한 곳
- 재료의 반입과 오물의 반출이 쉬운 곳

49 마가린은 버터의 대용품으로 불포화지방산에 수소를 첨가하고 촉매제를 사용하여 포화지방산으로 만든 것이다.

50 조미료 사용 순서 : 설탕 → 소금 → 간장 → 식초

51 편육을 조리할 때에는 끓는 물에 고기를 덩어리째 넣고 삶는다. 이 경우 맛 성분이 적게 용출되어 편육의 맛이 좋아진다.

52 재료를 잘게 썰어 연하게 조리하면 소화흡수에 도움이 된다.

53 냉장 보관은 노화를 촉진하는 방법이다.

54 채소의 질감이 파괴되어 물러진다.

55 달걀에서 시간이 지남에 따라 pH 증가(알칼리성), 난황막의 약화, 중량 감소, 농후난백 감소·수양난백 증가 등의 변화가 생긴다. 흰자의 점성이 커져서 끈적끈적한 것은 농후난백을 의미한다.

한식조리

56 전처리를 한다고 해도 위해요소를 완벽히 제거하기 어렵다.

57 죽 조리 방법
- 주재료인 곡물을 미리 물에 담가서 충분히 수분을 흡수
- 일반적인 죽의 물 분량은 쌀 용량의 5~6배 정도가 적당
- 죽에 넣을 물을 계량하여 처음부터 전부 넣어서 끓임, 도중에 물을 보충하면 죽 전체가 잘 어우러지지 않음
- 죽을 쑤는 동안에 너무 자주 젓지 않도록 하며, 반드시 나무주걱으로 저음

58 방자구이 : 춘향전에 방자가 고기를 양념할 겨를도 없이 얼른 구워 먹었다는 데서 유래된 소고기에 소금을 뿌려 구운 것

59 호박, 오이 등은 소금에 절였다가 팬에 기름을 두르고 볶아서 익힌다.

60 재료에 양념 후 30분 정도는 재워두는 시간을 가지는 것이 좋다.

한식조리기능사 필기 모의고사 ⑩ 정답 및 해설

정답

1	①	2	②	3	①	4	①	5	②	6	②	7	④	8	③	9	①	10	④
11	③	12	②	13	④	14	③	15	①	16	④	17	③	18	④	19	④	20	②
21	④	22	③	23	①	24	②	25	③	26	②	27	④	28	③	29	④	30	③
31	②	32	②	33	②	34	②	35	②	36	③	37	①	38	③	39	②	40	②
41	④	42	①	43	④	44	④	45	①	46	④	47	③	48	①	49	②	50	①
51	③	52	②	53	②	54	④	55	②	56	④	57	③	58	④	59	②	60	①

해설

음식 위생관리

1 미생물 증식 5대 조건 : 영양소, 수분, 온도, pH, 산소

2 채소를 통해 감염되는 기생충(중간숙주×) : 회충, 요충, 편충, 구충(십이지장충), 동양모양선충

3 육류를 통해 감염되는 기생충(중간숙주 1개)
- 무구조충(민촌충) : 소
- 유구조충(갈고리촌충) : 돼지
- 선모충 : 돼지

4 간디스토마(간흡충)
- 제1중간숙주 : 왜우렁이
- 제2중간숙주 : 담수어(붕어, 잉어)

5 4대 온열요소 : 기온, 기습(습도), 기류(바람), 복사열

6 일반적으로 생물화학적 산소요구량(BOD)과 용존산소량(DO)은 서로 반비례 관계에 있다.

7 소음에 의한 피해 : 수면장애, 두통, 위장기능 저하, 작업능률 저하, 정신적 불안정, 불쾌감, 신경쇠약 등

8 아플라톡신은 곰팡이 식중독 원인물질이다.

9 황변미 중독은 페니실리움 속 푸른곰팡이에 의해 저장 중인 쌀에 번식한다.

10
- 에르고톡신 : 맥각균의 간장독소
- 무스카린 : 독버섯
- 테트로도톡신 : 복어

11 자연독 치사율
- 섭조개(삭시톡신) : 10%
- 모시조개, 굴, 바지락(베네루핀) : 45~50%
- 테트로도톡신 : 50~60%

12 클로스트리디움 보툴리눔 식중독 : 독소형, 혐기상태에서 생산된 독소

13 황색포도상구균 식중독의 식중독 예방대책 : 화농성 질환자의 식품취급을 금한다.

14 살모넬라 식중독 원인식품 : 어패류, 육류, 난류, 우유 등

15 알코올 소독약 농도 : 70%

16 병원소는 병원체가 생활, 증식, 생존을 계속하여 인간에게 전파될 수 있는 상태로 저장되는 곳으로 생물(사람, 동물, 곤충), 무생물(토양, 물) 등이 있다.

17
- 장티푸스 : 세균
- 결핵 : 세균
- 유행성 간염 : 바이러스
- 발진열 : 리케차

18 벼룩 : 페스트, 발진열

19
- 세균 : 결핵
- 바이러스 : 일본뇌염, 공수병(광견병)

20 영업허가의 대상 : 식품조사처리업, 단란주점영업, 유흥주점영업

21 식품의약품안전처장은 국민보건을 위하여 필요한 경우에는 판매하거나 영업에 사용하는 기구 및 용기·포장에 관하여 제조 방법에 관한 기준, 기구 및 용기·포장과 그 원재료에 관한 규격을 정하여 고시한다.

22 N-니트로사민 : 육가공품의 발색제 사용으로 인한 아질산염과 제2급 아민이 반응하여 생성되는 발암물질

23
- 수은 중독 : 홍독성 흥분
- 카드뮴 중독 : 골연화증
- 비소 중독 : 구토, 위통

24
- 천연항산화제 : 비타민 E(토코페롤), 비타민 C(아스코르브산), 세사몰, 플라본 유도체, 고시폴
- 감미료 : 스테비아 추출물

25 골연화증은 카드뮴 중독으로 발생한다.

음식 안전관리

26 조리작업을 위해서는 조리복, 안전화, 위생모 등 적합한 복장을 모두 갖추어야 한다.

음식 재료관리

27
- 조절소 : 체내의 생리작용(소화, 호흡, 배설 등)을 조절하는 영양소로 무기질, 비타민, 물이 해당한다.
- 열량영양소 : 탄수화물, 지방, 단백질

28 알코올의 열량 : 7kcal/g

29 효소적 갈변 반응을 방지하기 위해서는 산화제가 아니라 환원제를 첨가한다.

30
- 클로로필 : 녹색 채소 색소
- 안토시안 : 꽃, 과일(사과, 딸기, 가지 등)의 적색, 자색의 색소
- 플라보노이드 : 식물에 넓게 분포하는 황색 계통의 수용성 색소

31 카페인 : 알칼로이드성 물질, 커피의 자극성(쓴맛)

32 비타민 B_1(티아민) : 탄수화물 대사 조효소, 뇌와 신경조직 유지, 위액분비 촉진, 식욕 증진

33 비타민 D_2의 전구체인 에르고스테롤은 자외선을 조사하면 비타민 D_2(에르고칼시페롤)가 되며, '프로비타민 D'로 불린다.

34
- 건성유(요오드가 130 이상) : 아마인유, 들기름, 동유, 해바라기유, 정어리유, 호두기름
- 불건성유(요오드가 100 이하) : 피마자유, 올리브유, 야자유, 동백유, 땅콩유

35 자유수는 0℃ 이하에서 동결된다.

36
- 이당류 : 설탕, 유당, 맥아당
- 단당류 : 과당

37 스타키오스 : 라피노오스에 갈락토오스가 결합된 4당류, 대두에 많이 들어 있으며 인체 내에서 소화가 잘 안되고 장내에 가스 발생

음식 구매관리

38 대치식품량
= (원래식품성분 ÷ 대치식품성분) × 원래식품량
= (20.2g ÷ 18.5) × 150g = 163.78g
≒ 164g

39 신선한 우유
- 이물질이 없고, 냄새가 없으며, 색이 이상하지 않은 것
- 물속에 한 방울 떨어뜨렸을 때 구름같이 퍼져가며 내려가는 것
- pH 6.6

한식 기초 조리실무

40 동결건조식품 : 한천, 건조두부, 당면 등

41 한식의 메뉴인 경우 주식, 국(찌개), 주찬, 부찬, 김치류의 순으로 식단표에 기재하여야 한다.

42
- 밀가루를 잴 때는 측정 직전에 체로 친 뒤 누르지 않고 담아 직선 spatula로 깎아 측정한다.
- 흑설탕을 측정할 때는 꾹꾹 눌러 담아 컵의 위를 직선 spatula로 깎아 측정한다.
- 쇼트닝을 계량할 때는 실온에서 부드럽게 하여 계량컵에 꼭 눌러 담은 뒤, 직선 spatula로 깎아 측정한다.

43 채소류 블랜칭의 장점
- 수분을 감소시켜 효소의 불활성화
- 산화반응의 억제
- 미생물 번식의 억제

44 전자레인지 : 초단파 조리로 식품이 함유하고 있는 물 분자의 급격한 진동을 유발하여 열을 발생시키는 방법

45 매쉬드 포테이토는 점성이 없고 보슬보슬한 충분히 숙성된 분질의 감자를 사용하여 만든다.

46 유지류의 조리 이용 특성 : 열전달 매개체, 유화, 연화, 가소성 등

47 어류는 토막을 친 것이 통째인 것보다 공기와 접촉하는 표면적이 크기 때문에 더 쉽게 부패한다.

48
- 지방은 거품 형성을 방해한다.
- 소금은 거품의 안정성에 기여하지 못한다.
- 묽은 달걀보다 신선란이 거품 형성을 방해한다.

49 우유의 카제인은 산(식초, 레몬즙), 효소(레닌), 페놀화합물(탄닌), 염류 등에 의해 응고된다.

50 클로브
- 못처럼 생겨서 정향이라고도 함
- 양고기, 피클, 청어절임, 마리네이드 절임 등에 이용

51 아이스크림 : 크림에 설탕, 유화제, 안정제(젤라틴), 지방 등을 첨가하여 공기를 불어 넣은 후 동결

52 어육류는 냉동이나 해동 시에 질감 변화가 나타난다.

53 냉장 보관은 노화를 촉진하는 방법이다.

54 요오드와 반응하면 적자색을 띤다.

55 칼슘이온을 첨가하여 콩 단백질과 결합을 촉진시키면 두부가 단단해진다.

한식조리

56 육수에 사용되는 부재료 : 대파뿌리, 대파, 마늘, 양파, 무, 표고버섯, 통후추, 고추씨

57 담음새의 조화요소 : 색감, 형태, 담는 방법, 담는 양

58 밥맛에 영향을 주는 요인
- 밥물 pH 7~8
- 약간의 소금(0.2~0.03%)을 첨가
- 쌀의 저장 기간이 짧을수록(햅쌀 〉 묵은쌀)

59 구이는 건열조리법으로 수용성 물질의 용출과는 관련이 없다.

60 밥과 죽의 차이는 물의 함량이다. 밥(백미)은 용량의 1.2배 죽은 5~6배이다.

NCS 국가직무능력표준 교육과정 반영

빈출문제 10회

★ 문제와 정답의 분리로 수험자의 실력을 정확하게 체크할 수 있습니다. ★

★ 틀린 문제는 꼭 표시했다가 해설로 복습하세요. ★

★ 정답과 해설을 가지고 다니며 오답노트로 활용할 수 있습니다. ★

다락원

한식 조리기능사 필기

NCS 국가직무능력표준 교육과정 반영

빈출문제 10회

다락원